My Dear, Don't Cry

所有随风而逝的都属于昨天的，
所有历经风雨留下来的才是面向未来的。

别亲爱的哭

My Dear,
Don't Cry

［日］山本文绪

著

闫雪

译

北京联合出版公司
Beijing United Publishing Co.,Ltd.

为什么要工作？

　　这样说也许会引起歧义，但我就是喜欢金钱。

　　如果问我为了什么工作，那当然是为了金钱。

　　金钱拥有惊人的力量。

　　有了金钱，买得起衣服，又能去旅行，还能有酒喝，能租到房子，能给自己喜欢的男人买礼物。

　　只是这样想来，与其说我是喜欢金钱，倒不如说是喜欢"有钱而能够办到的事情"。因为若喜欢金钱本身，那就应该是一点儿不消费，全部存起来。

　　并非我自满，我真的没有存款。

　　因为我总是有多少就用多少。

在开始我现在的这份工作之前，我曾当过公司职员。

那是一个有家庭般轻松氛围的公司。我在职场中的人际关系也不差，周末能完完整整地休息两天，也不用经常加班。工资方面跟一般上班族没有差别。奖金方面，说实话倒是超过了一般白领的平均水平。

而且这是一个半政府部门性质的公司，因此也不太会受经济大环境的影响。只要本人有意愿，就不必担忧公司会倒闭，可以一直干到退休。我所在的就是这样一个像天堂般的公司。

我并不讨厌公司的工作。其实说起来，无论是打字还是倒茶，我在做的时候都觉得很享受。

可是，在那个时期的日记里，我却写着这样的话：

……我就像是一头海狮。当哨声吹响后，我就立刻反射性地游过去，一会儿去捡拾线圈，一会儿用鼻尖顶球。客人们看到后，就夸奖道："厉害！厉害！"但是作为海狮的我丝毫不觉得开心。最近，我感觉不管是在公司还是在亲友面前，我都一直在演戏，出色地演绎着"嫁人之前的OL（Office Lady）"这个角色。然而，其实我根本不喜欢什么Louis Vuitton和法国料理……

在那一年之后，我辞职了。

如果单独考虑金钱，我是不应该从公司辞职的。写故事这样的工作，除了一部分名人之外，大部分的人真的赚不到钱，而且即便是写上很长一段时间，收入也不见得就会有增长。

可是，我还是不后悔自己离开了公司。

如果伪装成身边的人对自己所期待的角色，过上他们对自己所期待的人生，也许会比较轻松，然而，被驯化后的海狮依旧会感到若有所失。

我们被忙碌侵蚀，很容易忘记到底为了什么而工作着。

"为什么工作啊？"

"想要得到什么吗？"

"你，到底想怎么样？"

现在，我养成了习惯，时不时会这样问自己。

目录
Contents

失去的自信
总会以另一种方式回来

她脸上的光芒却是去年所没有的。她看起来，让人感觉格外强大。也许是因为她终于熬过了难关。

失去的自信
总会以另一种方式回来

这是我的好友蔷子的故事。

成为真正的朋友，花了我们整整八年的时间。

第一次见到蔷子的时候，我就感觉她人如其名，是一个像花一样的女子。她那仿佛闪耀着光芒的粉色脸颊，宛如玫瑰的花瓣一般。而且是那种没有遭受过世间风吹雨打，一直在精心呵护下成长起来的温室玫瑰。

蔷子和我是同一批进入公司的。

同期有六名女性进入这家知名保险公司，蔷子就是其中之一。

虽然大家归属于不同的部门，但因为在同一栋写字楼里，所以彼此之间相处都很融洽。蔷子做前台，我则分到了总务科。我想如果我是人事主管，也会做出一样的安排。虽然我们都穿着同样的制服，不，应该说正因为我们穿着同样的制服，当我们并肩站立的时候，两个人看起来简直就像一个是神仙姐姐，一个是农村妹妹。

蔷子总是非常讲究地涂着指甲油，头发也保养得像丝一般顺滑。

性格上也跟我不一样，她是团体的领袖级人物。

如果在公司附近发现新的咖啡厅，她就会叫上大家一起去吃午餐。想去打网球和滑雪的时候，她就会提前订好计划，邀上一大帮男性朋友同行。

最早穿上当季流行服装的也是她，我们六个人中如果有谁心情不好，也是她提议大家一起去唱 KTV 放声发泄。

我挺喜欢这样的蔷子。

也许大家都觉得她性格开朗大大咧咧，因此没有人察觉到蔷子其实总是在一些细微的地方做得体贴周到；而且为了不被大家察觉，她时刻谨慎地花着心思。

她待人接物和遣词造句都很温柔，当我拒绝她旅行的邀请时，她也会笑着说："太可惜了，那我下次再邀请你吧。"

在公司三年的时间里，我和蔷子并没有特别亲密。我和她只是单纯地属于这"六人好友团"中的两个人而已。

我们突然开始密切交往起来，是在我进公司后的第四年。

那一年，我们六人中两个人辞职了。一个是因为结婚而辞职，另一个是为了成为室内设计师，而再次返回学校去读书。

我们这个只剩下四人的团体，自然而然地分成了两个小队。

我和蔷子，我们俩都是从外地来的，过着独居生活，而另外两个人则是本地人，她们每天从自己家到公司来上班。于是渐渐地我跟蔷子就经常下班后一起吃饭，聊些各自的私事。

从蔷子的话里，我第一次知道她是地方上有钱人家的独生女，父母住在用来投资的公寓里。蔷子还说，父母已经开始催她赶紧回家相亲了。

虽然我们都是一个人独居，但是我能明显感觉到我跟她不在同一个生活水平上。

不过，优雅又温柔的她，即便我们一块儿去吃饭，她也不会故意找贵的地方。她本可以去更高级的餐厅，却常常把我约在车站前面的比萨店里。

我也跟蔷子讲了自己的事情。那些我之前从未向任何人讲过的事。

蔷子听到后，大声地笑着说："我万万没想到你是这样的人啊！"

她所说的这样的人，其实就是我从很早以前开始下班后去职业学校充电这件事。

我总感觉自己的能力有局限，便经常充电，认认真真地学习了计算机，参加了计算机等级考试。那之后，我还参加了秘书职业考试，拿到了等级证书。

现在我又在会计学校里学习记账。之后，我还盘算着报考社会保险劳务士的资格证书。

这些都不是因为想要超越别人而做的，都是为了自己，才给自己定下的任务。

寻求新的生活方式固然没有错，
但是很多人都想得太过于天真了。
以为换个工作就能找到人生的意义了。

因此，当蔷子来邀我去滑雪或去海外旅游时，我都拒绝了。并非我不想去，虽然我是一个老实又不起眼的人，可想玩的心情跟其他人无异。但我金钱上并不宽裕。

"你为什么要考那么多证书呢？"

这个问题从蔷子嘴里问出来并没有带着任何讽刺的意味。她是真的不理解其中的缘由。

"因为我很胆小。"

虽然我有些担心她无法理解我的意思，但我还是老老实实地说了。

"将来，经济形势会怎么样不好说，能不能结婚我也不知道，对吧？而且，即便是结婚了我也想一直工作，所以我做的这些都是为了未雨绸缪。"

"但你这样会不会担心过度了呀？"

她哈哈大笑，好像已经喝得有些微醉了。我也笑着点点头。

"你说得对……我说出来，蔷子你可能要笑。其实，我呀，只要能行，我想这辈子都当一个 OL（白领女性）。为了能一直当 OL，我就得把这些资格证拿到手。不过，其实一部分原因，也是因为做这些事情让我感觉很开心。"

听我这样一说，蔷子露出满脸的敬意。我感觉自己好像把自己的事情说得太多了，因此那天晚上一直觉得很不好意思。

那之后不到一年的时间，蔷子就离开了公司。

她辞职前，我们剩下的四个人中的另一个人也跳槽去了别的公司。

对我来说，这是一个打击。

打击，并不是因为我们六个同期进公司的女性中，只留下我和另一个不怎么合得来的人，而是因为蔷子辞职的理由是她说"我想成为花艺师"。

在我们的老同事和新进公司的同事中，也有很多因为这样的理由而辞职的人。想成为颜色搭配师，想成为剧作家，想成为食品设计师，总之，为了不做在公司坐班的那种单调的工作，想做"有意义的工作"，女孩子们纷纷辞职离开。

我并非觉得女孩子们这样跳槽，或者寻求新的生活方式的行为有什么过错，只是在我看来她们似乎都想得太过天真了，我总觉得她们是误以为换个工作就能找到意义了。证据就是我几乎没怎么听到过辞职后的女孩子们，之后有谁真的实现了自己的理想。

不过，这些都是别人的事，我按照我自己的信念活下去就行。我喜欢公司的工作，对于现在的生活，我大致上也是满意的，想学的东西还有很多很多，根本没心思去管别人的事情。

虽然这是我一直以来的想法，但是，我万万没想到连蔷子也说出这么轻率的话，就这样把工作给辞了。

她有她自己的人生，这不是我该插嘴的事情。

可是，一个从来没有说过自己喜欢花的人，突然说自己要成为花艺师，这实在缺乏说服力。在蔷子离开公司之前，除了公司的送别会外，我们俩还一起吃了饭喝了酒。

那天她难得地喝酒喝到话都说不太清楚的地步，还跟我说：

"看到你，不知怎的就感觉自己特别没用。所以我决心一定得做出点成绩。"

我不知道该说些什么，最后只说了一句算是鼓励的话吧。

那句话听起来冷冰冰的，不过我想多半跟她也没有再见的机会了吧。

再一次见到蔷子，是两年后的事情了。

那是纯属偶然的一次相遇。在深秋的银座街头，我们刚巧碰了个正着。

最初，我根本没有认出她来。从正面走来一个穿着牛仔裤的短发女孩子，笑盈盈地向我挥手。我刚在想"谁呀"，就立刻意识到那是蔷子的脸庞。

"太巧了！你是来买东西吗？"

蔷子冲我微微一笑。她往昔那色泽鲜艳的双唇变得干巴巴。

"真的很巧呀。你最近还好吗？"

"嗯，还凑合吧。"

她穿着运动衫，围着斜纹粗棉布的围裙，怎么看怎么都不觉得是来购物的。

"现在是你的上班时间吗？"

"是呀。马上快到圣诞节了，为了圣诞节的装饰，忙得热火朝天。又不能跟客户说'请您下个月再预约吧'，我刚在前面那家鞋店忙完他们的店面装饰。

"真厉害啊！你已经可以在工作上独当一面了啊。"

说真的，我大为惊讶。她刚离开公司不过两年左右，就已经可以担当店面的装饰工作了，简直让人难以置信。

"我所在的花朵工作室，总是什么都让我做。像我这样要学的东西还堆成山的人，如果说要等我学好了再做的话，恐怕就得耽误十年的实践时间。"

"这样啊，真是辛苦你呢。不过，好厉害！"

我满心敬佩地说。因为我之前没有想到她真的能胜任这样的工作。

"嗯，不过呀，"蔷子露出浅浅的微笑，"这个工作，表面上看起来光鲜亮丽，其实比想象中辛苦得多。"

她伸出来整理前面刘海儿的手，已经又红又粗糙。指甲上的指甲油也没有了。往昔闪着亮光的面庞看起来也憔悴不堪。

"我最近在想，要是真正喜欢花朵的人，恐怕还不适合做这份工作。裁剪花束的时候，一根根剪完后没用的花枝就大量扔掉。工作也是一个季节需要一个季节的新花样，插花的人根本没有欣赏季节的空闲。"

看着大吐苦水的她，我不知道该说什么，只是呆呆地望着。

"啊，不好意思，我还要去一个地方。改天聊。"

她立刻骑上了停在道路边的电动车。

我目送着她的车离开。

随后，我去看了她说的那家店里她装饰的花朵。

那是十分美丽的杰作。但是，可能是因为我看到了蔷子疲惫的面容，这花越是漂亮，我心中就越是感到一种莫名的沉重。

那天夜里，我想过要不要给她打个电话。

失去了自信，又将另一种形式的自信找回来。
人生也许就是这样，不断地前进着。

但想到如果她找我商量，说自己想辞职不干，那我也不知道该怎么回应，最终我还是没打电话。

在那之后，再一次见到蔷子，又是一年之后的事情了。

我们同期入职的六人团体中，除我以外的最后一个女孩子，因为要结婚也辞职了。

据说，她为了举办婚礼，特地请已经成了花艺师的蔷子，为自己定制了花束和发簪。

知道蔷子还没有辞掉花艺师的工作，这让我松了口气。

因为这场婚礼，我们同期入职的六个人，终于又聚到了一起。

十月里一个风和日丽的周末，我去了那间教堂。明明是去参加一件喜事，明明应该发自内心地去祝福别人，可是我的心情却万般纠结。

这下子，终于只剩下我一个人了。虽然跟我的预计如出一辙。我是打算只要有可能就在现在这家公司一直干到退休为止的，所以一开始就有了自己肯定是留下来的最后一个的心理准备。

可是，即便我再怎么坚持自我步调，还是有被寂寞击败的时候。一方面结婚之事遥遥无期，对象都不见一个；另一方面自己以为安定的企业，在如今经济形势不景气的时候，奖金少得犹如麻雀的眼泪。

事到如今，我开始能够理解，在银座见到蔷子时，她大吐苦水时的心情了。

虽然每个人都不喜欢听别人抱怨，但是每个人都希望有别人陪伴在身边的时刻，希望有谁来倾听自己所思所想的时刻。

今天蔷子多半也要来，我正好趁着这个机会就上次没能好好安慰她而道个歉。

我打算去看看婚礼前的新娘子，于是"咚咚咚"敲响了房间的门。

门打开后，我被眼前的一幕惊呆了。

房间里的人镜子前面，正坐着身披婚纱的新娘。可是令我吃惊的不是新娘子，而是她身旁站着的身着牛仔裤的蔷子。

"怎么样？漂亮吧？"

蔷子看见我后，随即问道。她那张脸跟从前一样，仿佛闪着光芒，比新娘子还要耀眼夺目。

就像我第一次见到她时的那种像花朵一般的笑颜。

新娘子手持的花束是由不同种类的白色花朵组成的，清新自然又美丽大方。头发上戴的，是能烘托新娘气质的一朵朵白色小花，看起来别致又美丽。

可是，我不单对她的手艺感到吃惊，她工作的紧密安排也让我惊讶。今天是自己同期好友的结婚宴，我一直以为蔷子肯定会出席。

"你现在去换衣服吗？"

我问蔷子。

"嗯？为什么要换衣服？"

"什么为什么？你不出席婚礼吗？"

她听了我的话，耸耸肩笑着说："现在正好是旺季，我之后还有两份工作要做。"

她的样子看起来既没有感到可惜，也没有觉得悔恨，而是用一种多少带着喜悦的心情说的。

跟去年见到她的时候一样，她的嘴唇依然干燥，手指依然粗糙。可是，她脸上的光芒却是去年所没有的。她看起来，让人感觉格外强大。也许是因为她终于熬过了难关。

"不好了，我得赶紧走。"

看着马上就要离开的蔷子，我急忙唤道："蔷子。"

"嗯？怎么了？"

"我给你打电话。下次一起吃个饭怎么样？"

她听了，非常高兴地点点头。

我目送着蔷子坐上装得满满的机车，离开了教堂。

工作，与玩耍不同，严格要求是理所当然，失去了自信，又将另一种形式的自信找回来。人生也许就是这样，不断地前进着。

今晚就给她打个电话吧。

还有，这没见面的几年间发生的故事，让她讲给我听听。

02

原来，
等待拯救的人是我

我意识到自己性格阴暗，
是长大成人后的事情了。

原来，
等待拯救的人是我

为什么人们一听说一个女孩子是运动全能，就认为她的性格肯定活泼开朗呢？

虽然在体育方面，我样样都比一般人胜一筹，但是性格上却比普通人阴暗许多。

不过，我意识到自己性格阴暗，是长大成人后的事情了。当学生的时候，从来没想过自己是个性格阴暗的人，我想身边的人们也没有发现我是个阴暗的家伙。甚至很多人可能还会反驳道："你哪点儿阴暗了？"但是，我就是阴暗，简直暗到极致，暗无天日。

我是一名县立高中的体育老师，干这一行已经五年了。

我在学生中被称作"曙"，其实我是个女性。不过，照在镜子中的我，看起来的确与大力士曙太郎[1]有几分相似。确实相似。尤其是鼻子周围，还有一点，我的体格尤其大。

我有一米七五的身高，是一个结实的大个子。不过，在我大学时代参加的篮球队里，我还算是倒数第三身材娇小的。

我每天的时间都被安排得满满当当的。平日里，白天上课，晚上去体育俱乐部做指导教练。周六的下午，还有周日的白天，我都要往俱乐部跑。我负责的这个俱乐部在我们县里算是实力非常强的一支队伍。队员们也干劲十足，不管训练有多辛苦，谁也没有一句怨言。

然而，有一天我突然意识到。

我在学校和俱乐部之间奔波的日日夜夜里，朋友们不知什么时候已经通通结婚了。大学时代一起打篮球的那些朋友，大多是连口红都没有一支的人，可是不知不觉中，她们却一个个变身成了花枝招展的太太。

大家都这样了，我也想这样。也许是出于这种从众的心理，也可能只是羡慕别人拥有的东西。总之，我也想有个恋人，想跟某某人结婚。特别是，我从出生到现在，从来不曾拥有过一种叫"恋人"的东西。

"生理期，生理期，你们一个月要来几次生理期才满意？"

1　1969年出生的美国相扑运动员，历史上第一个除日本人以外，获得相扑运动最高荣誉"横纲"称号的相扑选手。

我也想有个恋人，想跟某某人结婚。

特别是，我从出生到现在，

从来不曾拥有过一种叫"恋人"的东西。

在发怒的我面前，五个身着制服的少女低着头站着。夏天的游泳课开始后，以生理期为理由不上体育课的人越来越多。不管我发多大的火，她们都只是表面上装得老老实实的，实际内心里却吐着舌头做着鬼脸。

"好，好。我知道了。这周你说生理周期，那下周就没有理由再缺课了吧。要是缺课三次，我不管你文化课有多好，体育课我肯定让你不及格的。"

她们小心翼翼地低下头，随即像逃跑一般地飞奔而去。"井上千智！"我叫住了其中一个人。大吃一惊的她立刻停下脚步。其余的女孩子像生怕沾上干系，急急忙忙地往楼梯间跑去了。

井上小心翼翼地回到我面前，低着头等着我训话。

我环抱双臂，俯视着这个少女。

她比我矮了足足有二十多厘米，估计体重上也比我少了二十多公斤吧。雪白的肌肤配上洋娃娃一般的黑色瞳孔，顺滑的长发搭在柔弱的肩头，手臂和脚还是像孩子一样纤细。

因为我一直不发话，她好像有些耐不住了，偷偷地抬头瞟了我一眼。看到那胆小懦弱的眼神，我更是从心底里烦躁了起来。

我最讨厌的，就是像她这样个子娇小弱不禁风的少女。虽然我也知道这个纯属偏见。但是，不行，不管怎样，我就是对那些柔弱的小女子喜欢不起来。

"你上周不就因为生理期休息了一节课吗？"

我低沉着声音说道。她一副马上就要哭出来的表情。

"你，不要一直逃避。马拉松大会的时候你没参加，球技大赛的时候你也没参加，不是吗？"

我就说了这么两句，她的泪珠就已经开始往下落。这使我火气更旺。

"别这么娘娘腔地哭！"

我愤怒的声音响彻了整个走廊。

"你给我听着！你呢，就是个超级爱面子的人。自尊心太强了！"

听我这么一说，她抬起头来，被眼泪浸湿的瞳孔中夹杂着些许抗议的神色。

"你若觉得我说得不对，你就说呀！"

"……您说得不对。"

她发出像蚊子叫一般的声音。

"也是啊，你只是自己没有发觉罢了。你讨厌做一件事失败后自己狼狈的样子被别人看到。做什么事情，都要别人赞赏才觉得心里爽快。若是觉得可能得不到人家赞赏，那么一开始就干脆不做这件事。所以，就像这样，逃避着一件又一件自己不擅长的事情，还一副事不关己的样子。"

她咬紧了嘴唇。

"比你运动神经差的孩子多了去了。可是，她们都很努力。像是跳马什么的，那些在我看来根本就不可能跳得过五层，平日里只能跳四层的孩子，可人家最后就实实在在地跳过去了，那才叫真正地努力了啊。我就挺喜欢那样的孩子。可是你呢，你最差劲了。明明自己不努力，还把努力的人当傻子。"

对啊，像你这样柔弱又可爱的女孩子，根本不需要努力，身旁的人就都会来帮助你。遇到沉重的行李，也什么都不用说，男孩子们就会主动跑来帮你搬。什么都不用做，只需要站在那里，就会有照顾自己一生的男孩子出现。

同样身为女人，为什么我却没有这样的命？

就像被狮子穷追猛打后的小鹿一般，她睁大黑色的眼睛，看着我的脸颊。这时候上课铃响了，我想起必须得去上下一节课。于是什么都不说了，转过身就离她而去。

回到家刚打开玄关，就看见母亲穿着木屐拖鞋"吧嗒吧嗒"地沿着过道跑上前来。她那张脸，简直像中了彩票一般，笑开了花。

"亚纪美，太好了！"

"什么太好了？"

我边换拖鞋，边用满腹不爽的声音回答道。

"别这样子嘛。我已经高兴得不行了。"

"到底是什么事情？"听她这么一说，我停下脚步问道。

"来，看看，这个可是很不错的男人呢。这个……"

母亲把照片和钓书[1]递给我，我装作面无表情的样子看了看。果然，照片上的那个男人，既不是个大胖子也不是个老头子，是一个普通的青年。于是，我便查看了一下身高。

"身高没我高啊。"

1　日本人相亲时使用的一种写有个人信息的文书。

"你呀，没资格去挑剔别人哟。"

"明白。我去见见这个人。"

为了防止母亲再继续唠叨下去，我赶紧一股脑把照片和钧书还给了她。

相亲的那天，我看着酒店的大镜子里穿着和服的自己，有一种想哭的冲动。

要是我的这副模样，被学生们看到了，肯定会被笑话的。因为我完全不适合连衣裙和西装，所以选择了穿起来会稍微好看一些的和服。不过，我觉得真正适合我穿的只有阿迪达斯的运动衫。

"记住了哟，亚纪美，要注意说话方式哟。劝你喝啤酒的话，只喝一杯就好。两腿夹紧，轻轻地走路哟。不能在对方的面前，擤鼻涕什么的哟。"

"好了，别唠叨了。赶紧回去吧。"

母亲一路把我送到这个约好的相亲酒店，口中一直念叨了好几遍这番话后，总算是离开了。最近的相亲好像已经不会再过于拘谨了，今天我这个相亲对象，就是直接跟本人见面吃饭而已。

坐在候客厅里的我，一直低着头紧紧地捏着手绢。我很紧张，因为这是我第一次面对面地相亲。

想结婚的意愿是从两年多前开始有的。可是，即便我想结婚，每天只顾着往返于学校和家的我，根本就没有什么机会邂逅异性。这样一来，唯一的手段就只有相亲。

如果去相亲，只要我不提过分的要求，能将就的就将就，那么即便是我，也能够结婚吧。我一直是这样认为的。然而，现实却像阿拉斯加的冬天一样寒冷无情。

到目前为止，父母托亲戚和熟人一共给我介绍过五个相亲对象。可是，这五个人都在见面之前就拒绝我了。对，就是照片。我那张长得像曙太郎的脸，在"书面审查"阶段就被淘汰了。没有财产，没有爱好，唯一的特长就是篮球，再加上我这样的姿色，要是我是男的，我也会拒绝的。

原本已经抱着百分之九十的可能性不会结婚了，可是居然在这时，却遇到了愿意见我的人。我一方面紧张得不行，另一方面又不知为何心中感到一丝欣慰。

已经很好了，只要愿意见我。跟这个男的约见面，一起吃饭，仅仅是这样，我就已经很满足了。

"不好意思，我来晚了。"

我应声抬起头来。面前是跟我在照片中看到的那一模一样的脸庞，低垂的一双细目上戴着眼镜。"我叫井上正治。"

"你好，初次见面。我是上田亚纪美。"

我急急忙忙地站起身来。一瞬间，他的眼睛就置于我的眼睛下方去了。我想，这得有五厘米的差距吧。

点完茶后，我们就开始聊一些无关紧要的家常话。平时听的音乐、喜欢读的书、爱看的电视，等等。

我们比想象中的能聊多了。他就像一个普通的男人接触一个普通的女人一样跟我聊天。从最初断断续续的交谈到后来越聊越起劲儿，我们渐渐地不时说着说着就笑出声来。

迎合着他热情的谈话的同时，我的心中不知不觉间感觉悲伤起来。

人啊，人的欲望是多么深啊。我深深地这样觉得。我已经开始喜欢上我眼前的这位男性。不，我已经非常喜欢他了。我之前本来想着只要能够一起喝茶吃饭，这样就足够了。可是，我发觉自己已经开始在想："啊，如果我能够跟他一起生活，我该会多么幸福啊。"

我感到痛苦和悲伤。要是这个人拒绝我的话，那会是多么令人难受。要是会受这样的罪，我在心中发誓，我一定再也不相什么亲了。

"上田小姐，您是体育老师吧？"

他突然提出这样的问题。我有些不太想触及这个话题，于是便点了点头。

"那您认识井上千智对吧？"

听他这么一问，我缓缓地把拿在手上的红茶茶杯放到了桌子上。

"……嗯？"

"她是我的妹妹。"

那一瞬间，我的脑海中闪现出曾经看过的一部叫《魔女嘉莉》[1]的电影的画面。那在感到幸福至极时，被人从头倒灌一盆猪血的可怜的嘉莉。不过，我不是嘉莉。

---

1 1976 年上映的一部美国经典校园恐怖片，是"恐怖小说之王"斯蒂芬·金第一部搬上银幕的恐怖小说，也是斯蒂芬·金小说改编电影中的经典之一。

什么都不做，就站在原地，

以为拯救自己的男人就会出现的那个人，

不是那个少女，而是我。

"哦，是这样啊。"

我就像那被拽到阎王爷面前的罪人一般低垂着脑袋。我不是嘉莉，我是通过欺负弱者来获取快乐的人。不行了，我这次相亲肯定泡汤了，万万没想到他是井上的哥哥。

"那个，我说句有些失礼的话。"

"……您说。"

您说什么都行。因为我就是那个把你妹妹欺负到哭的魔鬼老师。

"我本来完全没有成家的意愿。这次相亲，最初也是想拒绝的。所以，我姨妈把上田小姐您的照片拿来时，我看也没看，就直接放一边儿了。"

他略带着涩地笑了笑。

"可是，却被我妹妹发现了。她一发现是你，就说：'哥，这个人非常好，你一定要去见她，见到后，你肯定会喜欢她的。'"

"啊？"

我简直不敢相信自己的耳朵。这个人在说些什么啊。

"妹妹从前一直就是个害羞的孩子，有些时候很胆小。可是，最近突然变得开朗起来，说自己不知怎的，想去学习游泳，于是开始往游泳俱乐部跑了。我问她怎么回事，她说多亏了上田老师，自己终于能丢掉无用的自尊了。"

我用双手捂住了嘴。

天哪，怎么可能？我明明从来没有安慰过那个少女。

"在相亲的场合里说这种话，我知道肯定非常不合时宜。但我确实还没有结婚的念头。不过，跟上田小姐好像非常谈得来，如果您也愿意的话，我想能够跟您慢慢地交往。"

该怎样回答才好，我傻了眼。

虚荣，过于爱面子的那个人该是我。也许我至今都没有交到过男友的原因并不是因为我的容貌。

什么都不做，就站在原地，以为拯救自己的男人就会出现的那个人，不是那个少女，而是我。

好惭愧。原来，害怕展露自己失败后的狼狈模样的那个人是我自己。

在我低下头的瞬间，一滴泪珠轻轻地落在身着和服的膝盖处。

03

活着，
就会遇见好的事情

也许，幸福就像雨季过后的云彩，伤过，哭过一场，它就悄无声息地来到你的身边。

> 活着，
> 就会遇见好的事情

我是两年前跳槽到百货商店的。

大学毕业以后，我最初就职的是一家知名的电器制造厂商，在那里做了三年的行政类工作。说实话，那份工作非常轻松。那是一份不管是大脑还是身体，都不会让人觉得疲惫的工作。

所以，"朝九晚五"的"晚五"之后，员工们都还有多余的体力，不是去打网球就是去唱卡拉 OK，常常玩得不亦乐乎。而且由于周末两天都休息，所以那时候基本上周六周日我肯定都会在跟男友的约会中度过。

人在幸福的时候往往是自己意识不到的。那时候工作轻松，同事们又都性格开朗活泼，工资也不差，周末还双休，而且还有恋人。明明不该有任何可抱怨的了，但那时还老把各种不满挂在嘴边。也许，我正是因此遭到了报应。

我失恋了。离职的理由也仅仅是因为如此。肯定会有很多人，觉得我因为这点儿遭遇就如何如何。但其实，这次失恋让我连想死的心都有了。

　　"你开什么玩笑呢？"肯定大部分的人都会这么想吧。"为了区区的失恋就要死要活，只能证明你太娇嫩了。"

　　可我无论如何也制止不了这种想死的心情。

　　失恋后的我，真切地感悟到人是有感情的动物。而且有些时候，这种感情会将它的主人摧毁。

　　对，在理智上，我明白只要时间流逝，创伤就会被忘却。而且我才二十三岁，将来有的是机会谈恋爱。手足健全身体健康，虽然不算绝顶聪明，但是只要我努力，想做的事情不管怎么样肯定能够做到。只要我有意愿，将来应该是前途光明的。

　　理性上是这么说，即便是失恋，也并不是我单方面的错。说起来，他的过错更大。跟我就职于同一公司的他喜欢上了其他部门的女人。一旦变了心的感情，谁也无法阻止。不管我再怎么央求，不管那个女人再怎么来跟我道歉，我被甩的这个事实无法改变。他已经不再爱我了。

　　理性在考问着我，为什么因为这么点儿事，我就非得把工作辞掉不可？在公司待着难堪的不应该是我，而应该是他和他的新女朋友。可是，同事们却开始疏远起我来。

　　在得知我被他抛弃后，大家都莫名其妙地回避着我。如果是我主动去找他们说话，他们倒是感觉跟之前没什么差别。可是没人再邀请我去喝酒。也许他们是觉得我肯定会哭得暗无天日？

　　失恋后的我，真切地感悟到人是有感情的动物。

　　而且有些时候，这种感情会将它的主人摧毁。

其实我多么希望有谁能听一听我因为感觉受到不公待遇而产生的愤怒，听我诉说我那强烈的悲伤之情。女性杂志里不是写了吗——"失恋的时候就会明白朋友有多可贵。"难道那是假话？或者是因为公司的同事们其实并不是"朋友"，他们仅仅是同事而已？

前男友跟我在同一个部门里，每次看到他的脸，我就觉得痛苦，我跟其他人的关系也别扭起来。尽管如此，不能因为这些理由就辞职不干，这点儿道理我还是知道的。

可是知道却没用。我被沉甸甸的感情彻底击碎，最后连公司都不想去了。我声称自己身体不舒服，请了一个月的假，后来直接就辞职不干了。

半年后，我在一家百货商店重新就职。那空荡荡的半年里，我每日每夜都想着自杀的事情。

可我就是没能真正把它付诸实践。我的身体和我的心比我想象中要健康得多。拥有健康身体的人是不会往自己的手腕儿上抹刀子的。都怪我父母把我养育成了一个拥有健康心理的女儿，还要拜我那活得阳光灿烂的花季雨季所赐。

而且，我想，要是我死了，我爸爸妈妈就得给我准备葬礼。这样一想，那可不行，我绝对不能死。虽然，我并不是一个特地精心策划如何尽孝道的人，但是白发人送黑发人这种事情，我绝对不能做。要真自杀，我也要等到先给我爸妈送葬后再进行。那时的我就是这么想的。

既然如此，那么我还得活二三十年才行。可是，这样一想，我又茫然了。二三十年啊，到底该怎样打发时间好呢？

我已经伤心疲惫到完全没有了"什么时候还会有恋人出现"这种念头。

若是原地不动，那就不由得会去思考很多事情。我不想去胡思乱想。那该怎么办才好？

工作！这就是我想出来的答案。虽然我拿到了公司的离职奖金，但是我的存款已经快要见底了。我也不想回老家去。在这种状态下回到老家只会让父母担心。不管怎样，我都得干点儿什么让自己振作起来。

就在我这么想的时候，正好看到了报纸的招聘广告栏里，有一家百货公司在招聘。我也没有精挑细选的力气，而且想一想百货商店也不错。周末也要工作，我就不用一个人孤孤单单地过周末。一个人过周末总是让人难以忍受。

百货商店的话，不管是生日还是圣诞节都得干活儿。年终还可以一直干到过年的那天，新年第二天就必须去上班。我想，这样一来繁忙的工作肯定能将我从现在的状态中拯救出来。

说拯救，我还真的被拯救了。入职后的两年里，我拼死拼活地工作着。

两次生日、两次圣诞节、两次新年、两次黄金周，我都主动前去加班。不过，即便是百货商店一周还是有两天的休息时间，都是在工作日里。这时候，一想到世界上其他人都在上班啊，我自己却在休息，就会觉得些许寂寞。即便已经这样过了两年，可还是觉得有些不太习惯。

我在百货公司里担任的职位是催事。我们部门负责掌管店铺顶楼的那个大型卖场，每当中元节和岁暮节来临，那里就会变成礼品派发中心，暑假的时候则会开展一些针对家庭的演出活动，一年中这里还会举办几场特卖会。

这个部门比我想象中要忙碌多了。为数不多的员工承担了繁重的任务，在最忙碌的时候会有其他部门的人前来支援，但实际上正式员工只有两人，加上我这个合约工，以及一批打零工的人，把这些项目的运营支撑了起来。

处于底层职位的我，任何工作都要做。缘日[1]祭的时候，穿上法被[2]卖过棉花糖；还要负责管理临时工；要参加策划部门的会议；销售量不佳的时候，跟另外两个同事一起为提升销售量，绞尽脑汁讨论到半夜。加班也不觉得痛苦。曾经一度对月末的加班深恶痛绝，但时至今日，已经觉得加班理所当然。虽然身体感觉疲惫，但是精神上觉得舒畅。如何提升销量，如何培养员工，如何让大家更舒心地工作，如何满足客户需求，等等，这些事情把我的脑海填得满满当当的。

只是，偶尔还是有那么一瞬间，脑海中会淡淡浮现出前男友的脸庞。

---

1 缘日即与神佛有缘之日，如神佛的诞生、显灵、誓愿等与佛有缘的日子，亦是进行祭祀及奉养的日子。相传在该日参拜的话一般会灵验。
2 法被是日本祭典时穿的传统衣服。

那是在拥挤的末班车上抓着吊环的时候；在大家一起去唱卡拉OK时谁唱到"M"的时候；在明明睡得很香甜，凌晨五点钟却莫名其妙地睁开眼睛的时候。

那些时候，我的眼泪就挣脱意志的控制，不停地往下落。

那种痛苦，让人有一种想放弃一切，跑到公寓前的樱花树下上吊的冲动。

尽管如此，每一天还是照样来临。

我入职后的第三个中元节到来了。礼品中心最忙的这个周末，我今年第一次穿上了半截袖的制服。

招来协助礼品中心的这些临时工还没有熟悉工作，频频出错。不管他们比我年长还是比我年幼，只要是犯了错，我都照骂不误。可能因此，很多人都讨厌我，经常都是我一走进休息室，兼职工和临时工们的谈话就戛然而止。

即便如此我也不在意。这里是工作之地，又不是"好朋友俱乐部"，而且他们犯了错，给他们擦屁股的人可是我。

客流量越来越大。负责打包的礼品包装处要等三十分钟。客人们已经开始抱怨，我又是道歉又是巡视，忙得四脚朝天根本没有时间去吃午饭。

快到黄昏时，支援的职员们总算来了，我让他们负责收银，自己便换到了客服台工作。

客人们排起的队伍依旧很长。接收客人的订单，填写订单票，准备派送，最后收款。大部分的客人都不会这样顺顺利利就结束，

活着，就会遇见好的事情。

这一刻我就像那不知世态炎凉的孩子一般纯粹。

一会儿商品又卖完了，一会儿客人的卡又过期了，一不小心我就可能也犯下跟刚才被我骂的临时工们一样的错误。

我脸上的笑容早就已经僵硬了。总算盼到了客人的长龙见了尾。刚松一口气，就听见我的肚子叫了一声。啊，今天中午又忘了吃午饭。

"欢迎光临。"

下一位顾客坐到前台。我机械性地说完欢迎词后，脸上的笑容随即冻住了。

是他。那个把我抛弃的前男友，正坐在眼前。

"呀，你看起来很精神啊。"

我什么都答不上来，只是惊讶地凝视着他的脸。

"我有点儿想你了。正好要寄中元节的礼物，反正都是寄，那就让你们公司帮我寄好了。"

"……你怎么知道？"

我不经意地吐出来的就是这句话。

"知道什么？"

"知道我在这里工作。"

"这个嘛，公司的一个同事告诉我的。"

我在问些什么莫名其妙的问题呀，我不住地摇摇头，一定要冷静，接着把表单递给了他。

"请填写好这份表单。"

在他填写表单这段时间，我的内心不断地在念叨"怎么办怎么办"。心脏仿佛在高声鸣叫，耳根子边感到有什么东西在沙沙作响。

他看起来好像有点发胖，穿着一身我没有见过的衬衫。这种颜色的衬衫他从前不会穿的，多半是新女朋友的喜好吧。

"好，填好了。"

他把表单和写了商品编号的卡片递给我。我这才一下子回过神来，接过表单和卡片。

当心乱如麻的我正在填表单的时候，他用胳膊肘撑着柜台，把脸向我这边凑了过来。

"之前，是我不好。对不住你啊。"

他对着正埋头用圆珠笔写字的我的额头说道。我停下了手中的笔。

"我一直很在意你。我也知道你肯定不会原谅我了吧。"

在说什么啊，这个人。我的头，僵硬到抬不起来。

"今天下班后一起吃饭吧？我等你。"

我完全不知道该怎么反应，结果就按照工作的流程，查询了运输费用，在表单上填好了总金额。总之工作，工作，要思考什么的话，之后再思考。

"您的费用一共是五千六百元。您是付现金吗？"

"我想跟你和好。"他说，并直接无视我的问话。我站起身来，俯看着他。

"……那个女孩子怎么了？"

明明是理直气壮抛出来的问题，我声音却沙哑了。他的身后，抱着大货箱的大学实习生正好经过，看到我这副模样，满脸疑惑地盯着我。

"那种女人。"他一脸的不屑。

"她是个黏得让人烦的家伙。你干脆干练，是个好女人。"

一瞬间，我额头上的汗水都凉了。

啊，对啊。的确，你的新女朋友是一个一直都眨巴着眼睛，挽着别人的胳膊走路那种类型的女人。可你说过那样子的女人"比你可爱多了"，不是吗？

"小暮君。"我招呼在一旁的实习生。他惊讶地看着我。

"不好意思，你能过来一下吗？"

"好，好的。什么事？"

负责商品在库管理的这个孩子，摘下弄脏的军用手套站到我面前。

这个男孩子虽然看起来很温顺，但却是一个非常认真能干的孩子。

"不好意思，我现在正在跟这个孩子交往。"

我用手指着实习生，对前男友说道。他的脸和实习生的脸同时都露出惊讶的表情。

"虽然他还是个大学生，但却是个非常优秀的孩子。我们还打算着什么时候结婚呢。对吧？"

我示意让实习生表示同意。为了让他迎合我的话，我还眨了一下眼睛。

前男友听了我的这番话后，站起身来。他那张错愕的脸已经从下往上红透了，然后，一言不发地转身离去。我咬着牙齿目送着他大步走向出口，终于吐了口气。今天真是个什么日子啊！

"不好意思啊，刚才说了这么奇怪的话。"

我苦笑着回头看看实习生。结果发现，不知为什么他的脸也红得发亮。

"怎么了？"

"……没什么。"

他又低下头，像逃跑一般地从我面前飞奔而去。我刚愣了一下，就听见身后整理表单的临时工阿姨哈哈大笑的声音。

"什么呀，您在笑什么啊？"

"你们年轻人真是奇怪啊。"

阿姨悻悻地笑着说。我完全不知道其中缘由，被她这么一笑反倒觉得有些伤心。

"小暮君喜欢你呢。"

"啊？啊啊？"

我打心眼里没想到会是这样。

"您别开我玩笑了。我知道大家都在背后说我是母老虎呢。"

"虽然是母老虎，但是可靠啊。还不光是小暮君，喜欢你的人可多了哟。女的男的都是。"

"您又骗我了……"

"你觉得我骗你的，那你就这么觉得吧。"

阿姨说完话，就继续开始自己的工作了。我一屁股坐到前台中间的椅子上。

我用手掌揉了揉自己的手肘，穿着半截袖的手臂里热血沸腾。

啊，没有自杀真好。这一刻我深深地体会到，活着，就会遇见好的事情。这一刻我就像那不知世态炎凉的孩子一般纯粹。

04

她竟然一个人
走了那么长的路

那个孩子，一个人努力干了
这么多事情，走了这么长的路。
也许，我才应该向女儿道歉。

女儿成了漫画家这件事，我是直到昨天才知道的。

在新干线里，我慌慌张张地剥着冷藏后的橘子。我这是打算前往东京，去造访住在那里的女儿。

看着窗外不停流逝的风景，我开始后悔自己把女儿送到了东京。

刚去东京时女儿说："等我读完书就会回到老家来。"那时候，虽然我心中有一丝担忧，但我和丈夫还是准许了女儿想去东京的请求。

我的女儿是一个话不多、安静又老实的孩子。朋友也不多，运动会时会装病请假，成绩也拿不出手；长相也是可怜兮兮的，居然跟她爹长得一模一样。

那孩子一回到家，总是一声不吭地跑到屋子里把自己关着。可是，高中三年级那会儿，她突然冒出一句："我要去东京的专业设计学校读书。"这着实让我大吃一惊。

不过，说实话那个孩子画的画还真不错。你说她美术课的成绩肯定很好吧，其实也不然。我那孩子最擅长的，不过是临摹樱桃小丸子而已。

明明说好了读完职业学校就回老家来，可她居然在东京找了工作，不回来了。我一跟她提这件事情，她就顶嘴说，即便回到家也找不到啥像样的工作。不过，事实的确也正如她所说。

正巧那个时候，我因为儿子考大学以及照顾生病的外婆而忙得焦头烂额，因此就觉得女儿那边没有联络就是万事平安，也就大大咧咧地没去理会。

然而我却万万没想到，她居然成了漫画家。

我怒气冲冲地咀嚼着冰冷的橘子。

我并不是说漫画家不好，手冢治虫的《火之鸟》我全部读过，以前女儿买回来的《RIBON》[1]等我也跟她一起读了。

昨天在超市买东西的时候，一位面熟的太太上前跟我打招呼。这个太太是我女儿在上小学时，关系最好的女孩子的母亲。

因为跟她好些时候不见了，于是我们就站着聊了会儿。那个人

---

1 《RIBON》(りぼん) 创刊于 1955 年 8 月 3 日，是日本集英社发行量最大的少女漫画月刊。由于该刊始终坚持传统的少女漫画风格，不断创造出清纯可爱的漫画形象，从而吸引了许多中小学女生成为这本刊物的忠实读者，使《RIBON》始终在少女漫画期刊中独占鳌头。

高高兴兴地告诉我，她的女儿下个月要结婚了。

对呀，孩子们都已经到这个年龄了。我们家那个孩子，不知道怎么样了，也不知道她到底想在东京待到什么时候。那个孩子不管怎么看，都不像是会受男孩子欢迎的类型，我最好得开始跟她谈谈相亲的事情了。我边考虑着这些，边听着那个太太骄傲地讲着他们家女儿结婚的事情。

"嗯，您女儿找到那么好的对象，真是幸福啊。这下您终于可以安心了吧？"

我正随意地应答着，她突然"啊"了一声，"对了，"她饶有意味地笑了，"渡户太太的千金，现在不是事业正红火吗？"

"啊？"

"我听我女儿说了，漫画家肯定很赚吧？真厉害啊！"

我完全听不懂她在说什么。见我一副丝毫不知情的样子，她立刻露出"糟了"的表情。"那我就先告辞了哟。"说完就准备逃跑。我赶紧抓住她，问了个究竟。

这下我才问出了女儿的笔名。接着我大步飞奔到书店，问收银台的女孩子知不知道一个叫"玉樱吹雪"的漫画家。

收银的女孩子一瞬间露出略带踌躇的神情，接着指了指身旁的那本漫画杂志。

我拿起书的手都在颤抖。

书的封面，看起来就让人震撼——一个身着内衣的女人横躺在沙发上。

这东西就是所谓的色情杂志吧。

我家女儿的漫画被登载在首页上。打开的瞬间，我就立刻感到身体中的血液开始沸腾。

一打开书，映入眼帘的就是赤裸裸的性爱场景。嘴巴半张的女人，对着男人赤裸的屁股，一旁还写着"啊，好棒哟！"这样的台词。

我满脸涨红，手一松，漫画从手中滑落到地上。

在东京站下地铁后，我就直接上了辆出租车，把女儿的地址给出租车司机一看，他似乎马上就明白了，随即点点头，开车上了路。

我透过出租车的车窗望着东京的街道。已经很久没到东京来了，心中不禁泛起许多涟漪，对于女儿的愤怒也因此多少得以平复。

昨天夜里，我连和老公商量也没商量，就直接把那本杂志拿给了刚毕业进入社会的儿子看。儿子起初也感到惊讶，可没过一会儿就抱着肚子，哈哈大笑起来。

"老姐真干得出来呢！"

"这可不是什么好笑的事情哟。妈妈我可是羞愧得要死呢。所以，我明天要立刻赶到她那里去。"

"你去了又能怎么样？"

儿子笑着，扑通一下子躺到床上。

"……能怎么样？我还不知道……"

"父母说不行就乖乖不干，她现在早过了那年龄了呀。而且，不正是因为不想放弃，所以才一直跟妈妈保密的吗？"

"这倒是。"我嘟着嘴。

儿子这家伙，小小年纪竟说出些大人的话。我感觉儿子和女儿不过才是什么都要依赖别人的孩子，怎么不知不觉之间就已经变得这么有自我主张了？

"而且呀，漫画家的工作，肯定没有大家想象中那么光鲜亮丽。拿这本杂志说吧，这不是双月刊吗？在这种刊物上连载，恐怕根本就没有玩耍的时间吧。即便你觉得这是本淫秽刊物，但人家本人肯定是在勤勤恳恳认认真真地画着。"

儿子语调明快地说着。虽然我并不完全赞同他所说的话，但他所说的也不无道理。

虽然画这种淫秽的东西，让我觉得不像话，可那样一个乖巧又爱哭的孩子，就是通过这个挣着钱，一个人在东京生活着。她真的变得坚强了啊。

"到了哟。"

司机的声音让我回过神来。我付了车费，从车上走下来。然后，我站在那栋高大雪白的公寓面前，仰起头张大了嘴巴。

"……哇，这不是住在超级好的地方吗？"

我不禁赞叹道。在这么市中心的地方，住着这么好的公寓，这一个月得交多少房租啊。

刚有些平复的愤怒情绪又　次涌上心头。我坐上电梯，往三楼的一号房间去了。

走到门前，只见一旁的门牌上确确实实写着我女儿"渡户千惠子"的名字。在这下面则标着"玉樱吹雪"这个笔名。这起得是什

真正喜欢的，不是没想过放弃，
　　只是始终没有办法做到。
那么，就坚持下去做到更好吧！

么乱七八糟的名字啊！

她是脑袋有问题吗？

我按响了门铃。

"谁呀？"

不一会儿，从防盗门的应答机中，居然传来了一个男人的声音。我正感到无语，这男的问道："啊，是送比萨的吗？我马上来给你开门。"门随即就开了。

于是，我的面前就出现了一位赤裸着上半身，下半身只穿着睡衣短裤的年轻男子。他还张着嘴吃惊地看着我。

"雄一？比萨来了吗？"

一边这么问，一边走到这男子身后的，就是我那只穿着上半身睡衣的女儿。

女儿见到我的脸，嘴张得比刚才那男子还要大。

"千惠子！！"

我不禁一个巴掌挥向了女儿。

女儿一副茫然的表情坐在我的面前。

刚才那个男人知道我是她母亲以后，连招呼也没打一个，就"啊啊啊"几声，急急忙忙地像逃兵一般地跑了。

"你的翅膀长硬了呀，千惠子。"

我喝口茶后说道。女儿还是一言不发地低着头。

"漫画家这个工作，真的这么能赚钱吗？"

我故意说着带刺儿的话，可女儿还是面无表情。我叹了一口气，凝视着女儿的面容。她是从什么时候变得这么漂亮的啊，每年的盂兰盆节和新年，她都会回老家来，那时候看上去可没有这么洋气啊？难道说是因为回家她特地打扮得很老土吗？还是因为是回自己家，所以不用像在外一样故作坚强了，所以自然而然成了那个样子呢？

"你竟然瞒着父母，画那种漫画。"

我把茶杯放在桌上。

"我找健太商量，他说漫画家干的，都是朴实无华的工作，即便画的是奇怪的漫画，但其本人还是勤勤恳恳地在干活儿。所以，我来这里之前，抱着想相信你的态度，可你居然大白天的就跟男人在这里鬼混。跟你画的那些漫画中的人物有什么差别？真是放荡！"

说到这里女儿抬起了头。刚准备开口想要说什么时，背后响起了电话的声音，她拿起话筒。"……是。啊，谢谢。嗯，今天开始请多关照。嗯，四点钟的时候。好的，等着您。请多关照。"

女儿挂上电话，肩膀上耸深深地吸了口气。

"有谁要来吗？"

"对了，妈妈。"

"干吗？"

"我接下来要工作了。我的助理马上要过来，你可以在这里，可是能不能到那边的房间里去安安静静地待着？"

听女儿这么一说，我更是火大。

"什么啊，这种说话方式。你到底有没有听我刚才在说什么？"

"听到了啊。我觉得很抱歉一直瞒着你。不过，即便我跟您说了那又能怎样？你肯定会说跟刚才一样的话，不是吗？"

女儿缓缓地说道，完完全全一副自己反倒占了上风的态度。

"我说你呀——"

"好了，够了！"

女儿大声叫了出来。

"为什么我的工作，必须得到母亲您的许可才行？我又不是拿着您给的零用钱在生活。做什么工作不是我的自由吗？刚才的那个人，他是我正正经经的恋人。晚上没时间见面，不就只好白天见了吗？"

看到女儿这副严肃认真的模样，我有一些被震住了。

"你一直说淫秽淫秽。那我是怎么生出来的呢？我又不是从树的屁股里出来的对吧？我不也是妈妈和爸爸做爱才生出来的吗？"

"千……千惠子。"

"好，那你告诉我。要到多少岁才可以做爱？是必须结婚后才可以做爱吗？是晚上可以但是白天不可以吗？妈妈，你到底来做什么的？是打算把我拽着带回老家吗？然后让我在农村的邮政局之类的地方上班，你就满足了？"

她说得这样理直气壮，我一时竟找不到反驳的话来。随即感到一阵头晕目眩，咽了气一般俯身趴在桌子上。

"妈，妈妈？"

那个曾经乖巧听话的女儿，满口的"做爱做爱"，让我仿佛经历了一场噩梦。

等我睁开眼睛的时候，他们已经把我搬到床上横躺着。我摇摇头立起身来。

听到门外传来的人声，我下了床，轻轻地推开门一看。

"啊，阿姨。您醒啦？"

一个年轻的陌生女孩正冲着我微笑。

我战战兢兢地用眼睛横扫了一遍室内。客厅中央的大桌子上，两个女孩子正握着笔画着漫画原稿。我瞧了一眼漫画原稿的内容，就是女儿所画的那种"淫秽"的东西，我急忙转移了自己的视线。

"那个……千惠子呢？"

"老师吗？她现在正在隔壁的房间里跟编辑通电话。您想喝点儿咖啡什么的吗？"

"哦，好的……"

"阿姨，您请这边坐。我们这里这么乱，真是不好意思。"

另一个女孩子劝我到沙发就座。两个人都又可爱又懂礼貌。

我坐到沙发上后，刚才的那个孩子倒了咖啡回来。

"很烫，要小心哟。"

我接过杯子，顺势冲她笑了笑。哎呀，这是怎么回事哟。我不由得想到，这么让人喜爱的孩子，真想让她成为我家健太的老婆。

她们又回到原稿旁开始奋笔疾书了。不时交谈两句，嘻嘻嘻地发出笑声的样子，简直像极了小鸟。

这样的孩子们，为什么会去画那种淫秽的漫画？我完全无法理解。

"请问，你们也是漫画家吗？"

我向她们问道。

"不，我们是助理。不过，将来有可能的话，想成为像老师那样的漫画家。"

女孩子帮我倒咖啡，一边说一边冲我微微一笑。

"不过，你这是……"

我不由得住了口。

"阿姨，您是看到了老师画的漫画，被吓到了对吧？"

刚才指引我到沙发就座的那个女孩子这样问我。正好被说中要害的我一时不知该怎么回应。

"虽然表面上看起来画风比较硬，让人只敢远观，不敢深入，但是老师讲述的这些故事，都让人心底感到温柔呢。"

"对，对，我好崇拜老师哟。"

两个当助理的女孩子，边说边笑了。

"崇拜？"

"对呀。爱呀，感觉她的故事里，全部是爱呀。"

我不太能理解她们所说的意思。

这时隔壁的房间门打开了，女儿走了进来。女孩子们都耸耸肩，闭上了嘴。

"老师，背景已经画好了哟。"

女儿露出微笑，接着给这俩孩子指派了下一个任务。她的整个样子，完全没有了小时候那总是哭哭啼啼的影子。

我没有看过女儿画的漫画。

爱，全部都是爱啊，被人这么评论的女儿的漫画，到底画的是什么故事呢？

"千惠子，你过来一下。"

我站起来，把女儿叫到了隔壁的卧室。女儿一副不情愿的样子跟着我走过来。

"干吗啊？如果要说教的话，不能等助理们走了以后再说吗？"

"不是这个。你的漫画，能不能拿给我看看？"

听到我这句话，女儿立即瞪大了眼。

"总之我要看看。你把你的书，全部拿到这里来。"

女儿边犹豫着，边从书架上堆得密密麻麻的漫画中拿出了自己的作品。

"有这么多？"

"嗯，算吧。"

"总之我全部都要读，你去工作吧。"

我挥挥手，把女儿赶了出去。"好的，好的。"女儿边回答，边站起身来。

我战战兢兢地拿起漫画，背后传来女儿的声音。

"妈妈，你今天晚上要在这里留宿吧？"

说这句话的声音，就像是小时候那样，带着些许撒娇的意味。我回过头时，她刚好轻轻地关上了房门。

从前我有过表扬她的时候吗？我表扬过她，安慰过她吗？

那个孩子，一个人努力干了这么多事情，走了这么长的路。

也许，我才应该向女儿道歉。

05

倾听，
是最好的良方

一直以来，对于这个长期坐在
我身旁的男友，我是否曾经问过他
这样的问题？老是只顾着谈论自己
事情的我，是否曾认真地听过、问
过他的事情？

倾 听 ，

是 最 好 的 良 方

我自信自己是一个精力旺盛、性格开朗的人。虽然也有人说我是自以为是，但我一来不怕生，二来我比身边那些柔弱的男人要有毅力得多（虽然自卖自夸不太好）。

对了，我的性格也是乐天派的。

虽然我也知道世事没那么简单，但是我总觉得只要我努力，什么事情都能办成。

不过，世事还真没那么简单。

"今天太忙了。你快回去吧，回去。"

我在大木屋酒屋一露脸，就被站在收银台前的店主来了迎头一棒。顿时不知该说什么好，我只是呆呆地站着。

店里一个客人都没有，可是店主还是一边翻着手上的账表，一边说自己"忙啊忙"。

"我们这儿没什么需要订的，赶紧回去吧。"

"不，其实今天我是拿来了新的海报。"

"放在那边吧。"

跟我父亲年纪一样大的店主就这样冷淡地对我说，然后撇过头去不再看我一眼。没办法，我只好放下海报，走出店去。

我悻悻地走向停靠在旁边公司楼下的车，打开车门，坐到驾驶座的瞬间，鼻子里发出"哼"的一声。

"该死的大叔。"

我破口大骂。不吐些苦水，我的眼泪简直就要掉下来了。

我是一个国产红酒厂的销售员工，入职三年了，从几个月前开始了这个跑业务的工作。

这个春季，公司领导决定把整个公司的命运拿去赌一把，开发了一种针对女性的葡萄酒。因此，一直以来只由男同事担当的外部寻访工作也首次启用了女同事。

从入职开始就一直有外部寻访意向的我，随即被派到了营业部门。虽然比男性负责的区域小，但是我总算也担当了某个区域的销售工作。

我干劲儿十足。

作为业务的接手人，我跟着老销售们跑遍了担当区域的酒屋和饮食店，挨家挨户登门拜访。

在推销酒的圈子里，男推销员依然占据了大部分，女性实在被视为稀有动物。有些老爷子倒是说"比男的要开朗得多，很好很好"。但也有明显就看上去对我不放心的客户。

不过，说"比男的要开朗得多，很好很好"的店主身后，我都看见太太们瞪大了眼睛在看着我。

管他男人还是女人，总之我是个新人。我告诉自己，要用工作来得到大家的认可。

于是我全身心地投入了工作。

我的努力换来了回报，有些店主开始喜欢我。订单量也达到了至少不会被领导责骂的程度。

可是，总有那么一家店让我难偿所愿。那就是大木屋酒屋的那个大叔。

我这不都是为了工作嘛，又不是为了得到他的宠爱。不过，无论怎么想都觉得他那冷漠的态度着实让人觉得奇怪。

我觉得我花了不少工夫，带着诚意在跟他接触。可他的态度一点儿都没有转变的迹象。他看起来好像对某件事情特别生气，我完全搞不懂其中的缘由。

到底他对什么事情这么不如意呢？

"那个大叔，刚开始见到他那会儿，他还挺热情的。"

男友双手杵在居酒屋的吧台上，听我讲事情的经过。

"虽然那时他的态度也不算好，我跟前辈去拜访时，他的态度也很平淡。可没想到这次我去，他的态度就一百八十度大转变了。"

男友微微迎合一声，就继续喝他的鸡尾酒。

"我之前就做好了心理准备，肯定会有一两个难对付的人，因此刚开始时，我想着一定要搞定这个大叔，干劲儿十足。可现在都感觉有点儿疲惫了。"

我咬了一口烤鸡，接着又叹了一口气。

我和男友是从大学时期就开始交往的恋人。他性格乖巧又沉稳，总像现在这样倾听我的抱怨。

在旁人眼里，他可能是这个活力十足的我的跟屁虫，其实正好相反。他虽然不是那种"跟着老子走"的类型，但却总是这样认认真真听我讲话。我在他的面前，可以安心吐露我的委屈和伤心。他是我活力的源泉。

"我已经想了各种各样的方法，可是每个都不管用啊。"

"比如说？"

"比如说，即便是没事儿也会每天跑他那儿去露个脸。而且，我都定在客流量少的下午两点钟。看吧，不是说男人追喜欢的女人，只要每天晚上在同一个时间给她打电话就会管用吗？我就想能不能把这招也用在销售上。"

"嗯，然后呢？"

"赠品也比别的酒屋送得多。从上一任担任销售的口中听说他喜欢打棒球，我还自己掏腰包给他买过巨人队比赛的门票。"

"那如果大叔是阪神队的粉丝怎么办？"

听到他不经意说出的这句话，我放下了手中的啤酒杯。

"……不会吧，就因为这个？"

"这就不知道了，不过我觉得靠送礼物这种方式不太好。"

他边松开领带边说。

"为什么不好？别的男销售员们也是这样做的啊。"

"我是做行政的，对销售的事情不太了解。不过，如果我是一家临街的酒屋老板，就会觉得你这个销售对大木屋偏心了。"

"……你这么说也是。"

"不，我并不是说这样不好。"

"你不是说了吗？"

我嘟着嘴。

"抱歉抱歉。没事儿的，衿子这么努力，总有一天对方会感受到你的诚意的。"

"会吗？"

"没事儿。明天开始继续加油吧！"

他"砰砰"地敲了两下我的脑袋，我高兴地眯着眼睛笑了。因为他的存在，因为他像这样鼓励我，所以我才能够不断努力。我在心底深深地这样觉得。

"对了，衿子。你是穿着这身衣服在外面拜访吗？"

他突然用手指了指我的衬衫。我歪着头，不得其解。

"对呀，一定要穿着干净整洁。这是做销售的基本呀。"

我低头看了看自己分期付款买的这身让自我感觉良好的职业装。

"可是，你拜访的是酒屋。穿着这身衣服的话，就没法儿帮人家搬酒箱或者整理一下酒架什么的了吧？"

我仔细地看了看他那张毫无恶意的脸。

他说的话总是这么正确。我无力地耸了耸肩。

因为他的存在，因为他像这样鼓励我，
所以我才能够不断努力。
我在心底深深地这样觉得。

第二天，我又去拜访了大木屋酒屋。

时间还是往常的下午两点。

今天我"武装"好了，迈着格外稳健的步伐进了那家店。

"承蒙您关照，我是菱丸商事的龙本。"

我跟往常一样，一边打招呼一边往店里走。位于收银台最里面的那扇通往卧室的门打开了，店主露出头来。那张脸跟平时有点儿不同，今天是一副"咦"的表情。好，很好。我暗自高兴。

今天我穿着和往常一样的衬衫，衬衫上还加了一件风衣，脚上也穿着登山鞋。我就照着男友说的，穿上不怕弄脏的衣服。若是穿牛仔裤配运动鞋，那也太失礼了，于是我就在衬衫上面加了件耐脏的外套。

"您好！我们公司的酒，您上架了吗？"

店主的脸瞬间由晴转阴。

"不知道。我现在正忙呢，你赶紧回去。"

我还什么都没说，"砰"的一声，滑拉门就被关上了。虽然这已经是家常便饭，但我还是呆呆地愣在原地。

这时，从店外走进来一个年轻的打工男。

"你好！"我跟他打招呼，这个大学生模样的男生一声不吭地点了点头。

"请问我们公司的酒摆出来了吗？"

"……这个嘛，我只是负责看店的，别的不太清楚。"

哦，这样啊。现在的这些男孩子一点男子气概都没有啊，我在内心鄙视道。接着我检查了一下红酒的酒架。比昨天看的时候少了三瓶。卖掉了。我不由得暗自高兴。

我的车上放置着几瓶备用的，可以的话，我想给他补到架子上去。可是，店主没跟我下订单，我又不能强行给人家放上。

于是，我一边叹气一边扫视了一下别的酒架。酒架上，销得快的啤酒和软饮料之类的已经早早卖完了，而高级洋酒和日本酒的酒架上却积满了灰尘。

我从夹克口袋里拿出自己带来的抹布，一瓶又一瓶，把酒瓶上面的灰尘擦掉。

这期间，打工男坐在收银台的椅子上正津津有味地看着漫画杂志，店最里面的门还是关得严严实实的。

"哎呀，我没信心了，不想干了，想跳槽。"

我趴在跟男友常去的那家居酒屋的柜台上。男友一如往常安安静静地喝着鸡尾酒。

"这可不像衿子说的话。"

他笑着说。

"可是啊，我能想到的事情都做了，而且我觉得已经充分展示了自己的诚意了，但不知道为什么他还是那样对我不理不睬。"

我拿起酒杯一口气喝光了里面的啤酒。

"难道是因为我是女的。那个大叔讨厌女的？"

"你如果觉得自己是女的，所以不行的话，那就算输了哟。这话可是之前你自己说的。"

他真的把我曾经说过的话记得一清二楚。是的，我的确这样说过。

"那你告诉我是什么原因。我们公司的红酒非常好喝，价格也很公道，包装也很时尚，广告上也下足了功夫。——喂，师傅，你说嘛，为什么那家店就是不放我们公司的红酒？"

对着面前正在做烤鸡的店老板，我开玩笑地问道。男友早就习惯了我喝醉酒后这样的玩笑话，因此只歪嘴笑了笑。

"啊，真是烦死人了。难道是因为我每天都去拜访，反而起了反作用，让他觉得我太缠人了？真是让人越想越费解。"

待我正双手杵着吧台，用手将头发乱抓一气时，坐在身旁的男友突然开口问道："对了，你是每天同一时间去拜访他的吗？"

"嗯，下午两点。"

"有可能是时间的原因。"

"啊？"我抬起头。

"衿子，你不是每天晚上十一点要去泡澡吗？之前我在这个时间段里给你打过电话，结果被你骂了一顿。你说为什么交往这么久了，还不知道人家洗澡的时间。"

我长长地吸一口气。

也许真是这样。我一直以为他说"我现在很忙，你赶紧走"只是赶我走的借口。但其实说不定下午两点钟时，那个店主真的很忙。

第二天，我尝试着三点钟去拜访大木屋酒屋。

收银台前的打工男正在接待前来买啤酒的客人。

"欢迎光临。"我向客人们打招呼。买酒的太太吃惊地看了我一眼，接着又笑了笑，提着装了啤酒的口袋走出店去。

"欢迎下次再来。"

我抢在打工男之前说道。打工男好像一副闷闷不乐的样子耷拉着眼睛。

"你好，请问你们家店主呢？"

"应该在里面。"

他的话音刚落，收银台里面的滑拉门打开了，店主探出头来。

他还是跟往常一样面无表情，但是眉宇之间却没有了皱纹。瞟了我一眼后，他对着打工男说："去仓库，把这个给我拿来。"然后把一张便条递给了打工男。打工男默默地点点头，走出门去。

"现在的年轻男孩真是没有男子气概啊。"店主自言自语地说。
"您所言极是。"这句话差点儿就从我嘴里脱口而出，我又急忙吞了回去。店主在一旁的小椅子上坐下来，指了指放置着我公司红酒的酒架。

"昨天卖了两瓶。帮我添上吧。"

"好！好的！"

我惊喜过望，不由得大声地叫出来。店主看见这样的我，悄悄地露出了笑容。

啊！他笑了！

这瞬间，一种喜悦涌上心头，仿佛是看到了总是哭个不停的婴儿，终于朝我露出笑容了一般。

这么一点儿事情，就差点儿让我喜极而泣。

"对了，我能问您一个奇怪的问题吗？"

虽然我想赶紧趁着店主的态度还没有转变之前，拿了订单就回

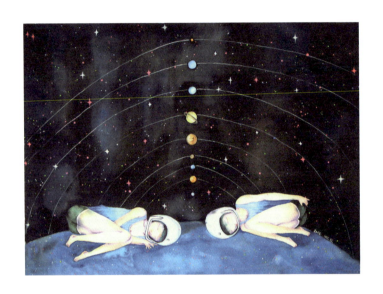

在我微醉的脑袋里，
男友的声音听起来是那般动听。
那晚我决定了，求婚由我来吧。

家，但还是不由得抛出了自己心中的一个大疑问。

"噢，什么事？"

"两点钟的时候，您真的那么不方便吗？"

听我这么一问，店主的面容又歪了，这次发出的笑声接近苦笑。

"对啊，每天两点的时候老婆子要打电话来啊。"

老婆子？对了，这么说起来，我还从来没有见过这家店的老板娘。也许她住在别的地方吧，所以每天下午两点钟的时候打电话过来？这到底是怎么回事？

店主慢慢地点上烟草，随后朝天花板吐了口烟。

"我的女儿啊，跟美国人结了婚，现在住在洛杉矶。"

"……啊？"

"反对啊，我当然反对过。女儿还是非要跟去。后来女儿怀了个孩子，居然勉强着自己去工作，把身体搞坏了现在住进医院去了。"

听到这么出人意料的故事展开，我瞪大了眼睛。

"我老婆坐立不安，担心得不得了，于是就飞过去了。我必须掌管这个店，走不开身，所以就这样啦。上次做了个大手术，老婆子就每天都打电话过来，给我汇报情况。"

"那，那您的千金现在怎么样了？"

"啊，刚才来的那个电话，告诉我她已经可以出院了，出院日期也定下来了。"

说完店主微微地笑了。这次的笑容没有带讽刺意味，而是真正发自内心地在笑。

"非常抱歉！"

我深深低下了头。想到他每天是以怎样一种心情，等待着每天两点钟打来的那个电话，我就惭愧得想找个地洞钻进去。为什么我没有仔细思考他的"我很忙"这句话背后的内容呢？

"没事儿的，别往心里去。"

店主把烟头熄灭在烟灰缸里。

"其实不只是你，做销售的很多人都老是只把自己的工作挂在嘴边，没有耳朵来多听别人说。说老实话，看到你，我真的好烦的。你一见到我，就高声尖叫一般地问'我们家红酒卖完了吗'。"

我不知道该怎么回答，只是老老实实地低着头。

"不过，我最近也明白，你是在想方设法地为我考虑。而我一直想着女儿的事情，也没来得及给你解释。"

我低垂着头，根本抬不起来，不想让他看见我哭泣的脸。

"今后还请你继续关照啦。"

店主说着拍拍我的肩膀。

"啊，还有这种事情。"

听完我的话，男友不住地感叹。

"对啊，看来我的修行还远远不够。"

他微微一笑，端起鸡尾酒酒杯喝起来。

"那这样的话，你就不考虑换工作之类的事情了？"

"嗯，当然不考虑了。对了，你最近怎么样？工作辛苦吗？"

我问坐在身旁的男友。他露出有些惊讶的表情问道："你今天怎么了？发生了什么奇怪的事吗？"

一直以来，对于这个长期坐在我身旁的男友，我是否曾经问过他这样的问题？老是只顾着谈论自己事情的我，是否曾认真地听过、问过他的事情？

"嗯，最近公司换了领导。这个领导还是一个从大阪来的人。"

我托着双颊，凝望着他的侧脸。

还好我意识到了这一点。如果我一直没有意识到，说不定会因此失去最重要的人。

在我微醉的脑袋里，男友的声音听起来是那般动听。

那晚我决定了，求婚由我来吧。

06

我还是爱他

　　抛弃一切后换来的这个奇迹。即便是哪一天连这个奇迹也失去，当我回想起这些日子，也一定能展露笑颜。

我 还 是 爱 他

我长达十年之久的单恋，终于修成正果。

这简直可以说是一个奇迹。

认识"他"的时候，我才十四岁。

我的父母在商业街经营一家中餐馆，因此每晚十一点前他们都不在家。

从小，我便习惯了一个人生活。并非因为自己感觉不到孤独，而是我可以看喜欢的电视节目到很晚，所以总是高兴不已。

我非常喜欢电视剧，从很小的时候开始就一直看着大人们看的电视剧。

明明还是一个小孩子，却对那些单靠亮眼主角撑场面的电视剧，以及单纯搞笑的喜剧片不感兴趣，反而喜欢故事情节好、画面代入感强的类型。

在我十四岁那年，有一天，我突然发现，那些我觉得非常有趣的电视剧滚动字幕里都有同一个名字。

剧本——朝比奈光一郎。

哦，原来写故事的是这个人啊！

从此，我成了朝比奈光一郎的粉丝。他创作的电视剧无一例外地都非常有趣，正是我喜好的略带香艳情欲的悲剧。从那之后的十年间，我一直关注着他的工作发展状态。

通过写电视剧剧本成名后，他开始涉足电影剧本的创作。此外，他还在杂志上发表随笔和短篇小说。

从很早开始就知道他的我，陷入了一半自豪一半寂寞的心境。因为他似乎慢慢地变成我完全无法企及的知名人士了。

而我既从未给他写过一次传真书信，也没参加过一次他的活动向他索要过签名。

可是，此时此刻，朝比奈光一郎却睡在我的身旁。

我成了他的——妻子。

"太太，您别那么紧张。来，笑一个！"

被摄影师这么一说，我手脚一慌，表情更僵硬了。许久没穿过短裙的我感到一股北风正从裙边往里窜。

"朝比奈先生，您也是，再稍微往太太的方向靠一下。对对，就是这样，很好。啊，太太，把您的手放在狗的背上怎么样？对，很好。好了，那接下来我们再拍几张室内的照片吧。"

在玄关前拍摄完毕后，杂志社的人跟丈夫一起往屋里走去。接下来要拍工作室里的照片。

"请问，我就可以不拍了，对吧？"

对着最后一位走上台阶，正准备进屋去的女编辑，我问道。

"嗯，不过，太太您还是待在这里吧。"

她用明快的语调回答道。

"不，我在想要不要去给大家倒杯咖啡。"

"哎呀，您别这么客气。"

她最后一句话的话尾还拖着年轻女孩特有的长长的尾音。我笑了笑，走向厨房。

"那我来帮您吧。"

她从刚迈了一半的台阶上走下来，朝我的方向跟了过来。

"可是，你不是还有工作吗？"

"我是新来的，今天只是大伙儿的跟班，也不用我写报道，我反正闲着也是闲着。"

这个穿着亮色毛衣的女孩笑着耸了耸肩。

"您家可真漂亮啊。听说家里的装修设计还是朝比奈先生亲自操刀弄的，是吗？"

进入厨房后，她望着天花板夸张地赞叹道。

"也没怎么多花心思。他只是跟设计师噼里啪啦说了一通而已。"

"真像朝比奈老师的风格呢。"

说完她嘻嘻嘻地笑了。

"太太您真幸福，嫁了一个那么优秀的老公，让他给你盖了一栋这么漂亮的房子。"

我微微抿嘴一笑，设定好咖啡机，打开了他们送来的装有饼干的礼盒。

这栋位于东京郊外的房子，到现在已经是一栋有三十年房龄的老房子了。曾经与我们同住的朝比奈的母亲去世后，我们就借机翻新了一遍。

今天杂志社就是为拍摄"朝比奈光一郎"的新家而来的。

因为他在市中心也有工作室，所以出版社的人以往都从没特地来家中拍摄过。而今天为什么来？是因为他觉得家变得焕然一新后心情舒畅，还是因为没法拒绝找上门来的工作？总之，其中的缘由，我不得而知。

为了转变话题，我问道："你刚毕业吗？"

"欸，我没那么年轻了哟。我是刚从别的公司跳槽过来的。"

"啊，这样啊。"

"我已经二十九岁了。再大一点儿就跳不动了呢。"

她轻松地应答了一句。我停下正在取点心的手，看着她。

"怎么了？"

"不，没什么。"

我们同岁啊，我险些就要脱口而出，又急忙闭上嘴。我若说了，她定会大吃一惊吧。

因为她看起来是多么年轻啊。而我，看上去又是多么苍老。

跟她一起将咖啡端上二楼时，丈夫正从工作室的小型冰箱里拿啤酒。

"老师，我们明明给你端咖啡来了呀。"

我还没开口，她就已经用略带戏谑的口吻说。

"对不住对不住。咖啡我们也喝。对了，那个……"

"我去端些下酒菜来。"

还没等丈夫说完，我就接了话。男编辑和摄影师们一个个都连声道谢。这次她却没有再开口说"我来帮你"。

我到厨房打开冰箱。虽然丈夫说，他们白天来采访什么都不用准备，但我还是为了以防万一把冰箱塞得满满的。

我首先把准备好的奶酪和花生送了过去。等再把冷藏的春卷加热端过去的时候，他们已经将工作室冰箱里的啤酒喝了个精光。我又赶紧把新的啤酒和威士忌还有冰块给他们送过去。已经喝红了脸的男编辑叫我坐下一块儿喝，但我还是笑了笑就离开了。丈夫连看都没有看我一眼，只是一心激动地跟大家讲着什么。那个跟我同岁的女人依偎似的坐在他身旁。

回到厨房抬头看看时钟，现在才下午四点，我很难判断入夜之前他们是会打道回府，还是会一直继续坐到吃宵夜。

从二楼的工作室里传来了他们嘻嘻哈哈的笑声。不管怎样，先把饭做好，端几个饭团过去吧，于是我便开始淘米。

已经很久没有听到丈夫这样爽朗的笑声了。

朝比奈光一郎，事业上一路走来并非一帆风顺。

而且即便是现在，我也不知道他能否称得上"成功人士"。

年纪轻轻就作为新人编剧取得了业界重量级的大奖，一时间被媒体捧出了名气。

于是，原本就立志做电影的光一郎放弃了电视剧编剧的创作，开始致力于电影剧本的创作。

虽然没有大红大紫的作品，但他还是多多少少有些成绩。如果说成功的话，我想这也可以叫作成功吧。

可是，他却不这么认为。

无论做多少工作，包揽荣耀的还是电影导演。编剧的名字总是掩藏在导演的阴影之中。

被人们关注，被身边的人们尊重，然后关照靠拢过来的人们，这就是他想要的。性格开朗、虚荣心强、不服输的他于是开始尝试自己担当导演拍摄电影。

正好这个时候，我刚作为一名正式员工，进入大学期间一直打工的那家出版社工作。

如果能在媒体界工作，说不定什么时候能跟朝比奈光一郎见上一面，我当时或多或少抱着这样的期望，但并不是以此为目的才选择的这份工作。只是偶然间在招聘杂志上看到这家出版社，我就去投了简历。

编辑的工作越做越开心，在公司内还交到了男友，虽然有些忙碌，但每天都过得充实快乐。

都说人与人的爱情是随着时光的流逝而逐渐淡薄的，

而我却有些不同，

一年又一年，我越发觉得他惹人怜爱。

可万万没想到的是，有一天我居然真的遇见了那个朝比奈光一郎。

在出版社工作后，我比之前更了解了他的真实情况。

初次导演的作品出现巨大的赤字；比起电影，他的随笔和小说更赚钱；他几乎每天都徘徊在酒局之间；他总是无法按时交稿。

有一天，我所在的杂志社开始制作他的专栏连载，我受总编任命成为这个项目的负责人。我跟总编说，自己从十四岁开始就是朝比奈的粉丝。总编带着略为复杂的表情踌躇了片刻，答应让我去试试。不过他还不忘多叮嘱了一句："小心点儿哟，那家伙下手很快的。"

朝比奈光一郎比我年长二十岁。对于二十三岁的我来说，即便是我再怎么崇拜的四十三岁男人，也不过是一个普通的大叔而已。我还记得对于总编那句奇怪的话，自己当时是一脸的严肃。

第一次造访他的事务所的情形，我毕生难忘。

我站在位于麻布的一座相当豪华的公寓门前，一想到按下门铃，朝比奈光一郎就会走出来，就感觉自己心脏都要停止跳动了。

然后我按下了门铃。门开了，那张早已通过电视和杂志照片熟知的面孔从里面走了出来。

真实的朝比奈光一郎冲我微微一笑。那一瞬间，他已不再"仅仅是一个普通的大叔而已"。

我陷入了爱河。

用刚蒸好的米饭做好饭团后，我端着向二楼走去。单是酒和下酒菜好像确实有些不够尽兴，他们高高兴兴地把饭团吃了个精光。

不多时，男编辑招呼大家起身打道回府。我和丈夫劝他们再多坐一会儿，不过他们好像无论如何也必须赶回公司。离最近的车站就算坐公交车也得十分钟，于是我就开车把他们送了过去。

等我再回来时，这栋新装修完毕的房子已经恢复了宁静。

厨房的桌子上，还留有丈夫的便条，说他要稍微休息一下，然后接着工作，让我八点钟叫醒他。

收拾完工作室的桌子，把碗筷洗了，烧好洗澡水，整理完全部家务，然后出门遛狗。我回到家时，刚好八点整。

我轻敲卧室的房门，推开门一看，双人床的一边丈夫正盖着被子呼呼大睡。卧室的灯光把他的侧脸映照成暗淡的橙黄色。

我跪坐在地毯上，静静地注视着丈夫的睡颜。他的胡须稍微有些冒出来了。我仔细地看着他闭上眼后的睫毛。虽然头上已经有白发，但他的皮肤还光滑得不像一个四十九岁的人。岁月似乎从没在他脸上留下痕迹。

我呆呆地一直凝视着他熟睡的样子。他虽然算不上英俊，但是随着年龄的增长，我感觉他的脸经过时间的打磨变得越来越有味道。都说人与人的爱情是随着时光的流逝而逐渐淡薄的，而我却有些不同，一年又一年，我越发觉得他惹人怜爱。

他跟我求婚的时候，我真心大吃了一惊。因为我万万没有想到能够成为他的正妻。

初次见面的第一天，他就约我上床。而我怎么能拒绝他呢？虽然我听到过无数关于他的传闻，比如他极其放荡，还有他实际上已经结婚了，等等。

可是即便如此，我还是跟他睡了。那时候我想，哪怕只能拥有作为他的第三号情人的地位，我都心满意足。我其实也有男友，而且基本上已经到了谈婚论嫁的程度。所以无法否认，我心中也抱着一种"玩一玩"的态度。

但是，从十四岁开始的单恋，能跟他上床，对我来说是天大的喜事。当然可以肯定的是，再过不久，他又会迷上新的女孩子，然后开始对我产生厌烦。为什么？因为他是一个连上门采访自己的编辑都不放过的男人。

即便如此，我还是喜欢他。我喜欢他的工作，他的玩世不恭，性情乐天，遇事不多较真等方面我都喜欢。所以，结婚之类的事情，我真的连做梦都没有想过。

他跟我求婚的地方是在旅行地的旅馆。

一向忙于工作和跟女人约会的他，一时心血来潮邀我去旅行。我只要没有特别的事情，一般不会拒绝他的邀请。为什么？因为每一次我都做好了这可能是最后一次的心理准备。

我们在箱根的温泉旅馆过了一夜。第二天在多少有些尴尬的气氛中，面对面吃着早餐的时候，他忽然轻声问道："如果你愿意的话，跟我结婚吧。"

什么啊，简直莫名其妙，当时我笑着敷衍了过去。可是，坐上小田急电铁¹回到新宿后，刚才那被求婚的真实感才一下子涌上心头。那之后，我就下了决心：我要成为他的妻子。

关于他有一个年迈母亲的事情，我早有耳闻。虽说他已经结婚的事情只是传言，但我知道他跟女人就像结了婚一样地同居着。我也知道，成为他的妻子，这将意味着什么。我将不再是他的"恋人"，而是成为他的"内人"。还有就是，他在外面找"恋人"的习惯，即便结婚之后，也不可能会有转变。

我虽然不清楚，他到底每年有多少收入，但是可以肯定没有外人想象的那样乐观。我很早以前开始就是他的粉丝，但其实他并不为大众所熟知。杂志社的采访等，对他而言也并非家常便饭。成为他的妻子后，为照料他的母亲，管理他那栋又大又老的房子，还有照顾他的爱犬，我从早忙到晚。而他一个星期里一半的时间都不在家。

要管理好这栋房子，比我想象中艰难多了。在公寓楼层里长大的我，根本就不知道杂草能长得如此迅速。一会儿是电灯坏了，一会儿又是电视出问题，电视刚修好，浴缸又不好用了，等我以为一切总算搞定，不一会儿婆婆又感冒了，或者狗又闹肚子了。即便风平浪静的时候，我也得伺候婆婆的一日三餐，每天早晚还不能忘记带狗外出散步。

1　属小田急电铁株式会社，运营着多条线路。从东京新宿分别通往箱根、江之岛·镰仓等充满魅力的观光地。透过车窗，不仅可以看到能遥望太平洋的片濑江之岛，还可以眺望日本田园、山谷的美丽风景。

我完全没有涉及任何丈夫的工作，光是家务已经让我忙碌不堪。

在外人看来，我可能是被他任意使唤着吧。就像免费的保姆一样，又要照顾老人，又要管理整个家。这样开门见山地叮嘱我的人不少。但我还是觉得自己是幸福的。

不管外人怎么说我蠢，哪怕我真的很蠢，我依然觉得无比幸福。安静内敛的婆婆总是说："我家那放荡儿子真对不住你。"这句话几乎成了她的口头禅。但每次听了，我都只是笑着摇摇头。

去年，婆婆感染风寒，悄无声息地走了。

我哭得死去活来，从没有像那样伤心痛哭过。不安，悲伤，辗转反侧。

之所以会这样，我想可能是因为婆婆一死我就失去了存在的理由，没有需要我照顾的人了。对于丈夫，我便没有了利用价值。

可是，丈夫还是给我建了一个新家。虽然结婚已经六年，但是我却没有孩子。我说也许不会有孩子了，不需要大房子，但他还是将房子修葺一新。

他一周中有一半的时间仍然不在家，无疑是在别的什么地方跟另外的女人混在一起。

只是，我现在还在这里。如果他哪天要我滚出去，我还是会老老实实地离开吧。一句怨言也没有地，一个人生活下去吧。

他还在熟睡，我用手轻轻地触碰他的头发。

由他的"火宅之心"[1]迸发出来的魅力，令他让人无法抗拒。正是那种魅力，使他创作出那些优秀的作品。

如果他在非日常的生活中需要恋人，在日常的生活中还需要家庭的话，那我就成为他的家庭吧。我心甘情愿地成为一个他所需要的家庭中的备用品。

迷恋他人是多么不可思议的事情啊。把人生托付给别人，这是多么不计后果又令人舒服的事。

"已经八点了哟。"

我摇摇他，说道。

"嗯。"他边回应着边睁开眼。

"洗澡水已经烧好了，你要用吗？"

"好，那我先洗澡。"

他慢慢坐起身来，摇了两三下头，慢悠悠地走出了卧室。然后又缓缓地回过头来，看着我，"今天，谢谢你了。"他小声地说。

一瞬间，我瞪大眼睛，默默地点了点头，目送着他走出房间的背影。

我将脸深深地埋在他睡过的枕头里。

他现在肯定正在打开浴室的门，脱下衣服，脱掉短裤，把它们扔进脏衣篓里。

然后，打开浴缸的帘子，看到已经烧好的洗澡水，一定会露出

---

1 因为烦恼而身心焦虑，感到无休止的不安，这种感觉好像房子失火，成为"火宅"。处于这种状态中的人即为"火宅之人"。火宅，最初为佛教用语，"三界不安，犹如火宅"，人困于七情六欲，如身陷火宅之屋。

笑容吧。

看到热腾腾的水中漂着柚子 [1]，然后轻声说道："原来今天是冬至啊。"

抛弃一切后换来的这个奇迹。即便是哪一天连这个奇迹也失去，当我回想起这些日子，也一定能展露笑颜。

我缓缓地抬起头，白色的枕巾上，已沾满泪痕。

1　冬至节气，日本人习惯在这一天泡柚子澡。冬至是一年当中太阳最弱的时候，过了这一天，太阳的力道渐渐转强，日本人认为冬至是"一阳来复"的日子，象征否极泰来。在冬至这一天要祈福招好运，就要先净身，以会散发香气的植物泡澡祛除邪气。另外，柚子的发音与日语"融通"的发音相近，冬至的发音也与"阳至"发音相近，民众认为柚子泡澡可以预防感冒，促进血液循环，让身体保暖通畅。

07

自由的代价是孤独

我目送着那个人抱着网球拍，高高兴兴地离开了公司。我一个人慢慢地走到车站，不知为什么感到极度孤独。

自由的代价是孤独

Filing（文件整理归档）这个词说得好。虽然我不知道在这个世界上，专门以文件分类整理归档为职业的工作到底是否真的存在，但是我的工作的主要内容就是 Filing。

真正的 Filing 也要做，要在大批交过来的资料上打孔，然后归档放到文件架上，还要把对自己来说完全是天书一般的数字输入相应的文书内，等等。

而且，我还要沏茶、打字，客人来访还要负责接待，上司的香烟也是我去买。只要是自己知道的范畴内的内容，外部来的咨询自己也要一一作答。

不过，我的工作时间绝对不超过下午五点钟。没有特别重要的事情，我不会加班。即便跟公司的同事们约好了晚上一起去喝酒的时候，我也一定是一个人五点下班，然后先在咖啡店等他们下班后一起去。

工作制度上规定我一周只需要上四天班，朝九晚五。由于我是人才派遣公司的派遣员工，所以时薪比一般的打工仔高出许多。

派遣的工作已经做了将近一年了，说起来我还蛮喜欢这个工作的。

我工作的地方是一家专业出版学习参考书和教育类书籍的出版社，据说在业界算是老字号了。要作为正式员工入职这家公司的话困难重重，所以里面人才济济。可是，也正是因为这家公司规模大，总能见到几个让你觉得"咦？他是怎么进来的呀？"的人物存在。

来这个公司工作以后，我有生以来第一次见到了所谓的"窗边人"。

虽然一听到"窗边"这个词大概就知道指的是什么样的人了，可是我万万没想到，这种人在日本的企业中还真的存在。

称呼他为大叔好像有点儿过早。但他也不算新手。一身朴素装扮的"窗边先生"看上去总是一副悠然自得的模样，慢吞吞地做着一些不赶时间的工作。

公司的其他员工全都当他不存在一样。也就是说，连在背后说他坏话的人都没有。最初对这种人的存在感到惊讶不已的我，也迅速习以为常。跟大家一样，不知不觉间，窗边先生在我的视野中也变成了透明人。

可是，好像只要连续几天都过得顺顺利利，万里无云之后，就必定会跟着来一个晴天霹雳般的东西。

有一天，我被课长叫住了。我不记得做过什么该遭批评的事情，只是一头雾水地跟着课长进了小会议室。

"加纳小姐，您别生气哟，听我说。"

这种一开头就让人有不祥预感的说话方式，让我瞬间皱起了眉头。

"我，做错了什么吗？"

听我一问，课长疲惫地叹了口气。

"就是有点儿问题啊，女孩子们在抱怨呢。"

"啊？"

我完全理解不了课长这句话的意思。如果是抱怨我不干活，那我多少可以理解。如果是抱怨我每天五点钟就按点下班，这样的抱怨我也可以理解。关于这点，我也常常觉得有些内疚，大家都在忙碌而我五点就下班闪人。可我正是因为想五点钟就下班，所以才选择当派遣员工的。如果我愿意加班的话，我肯定就会找份正式员工的工作了。

"您这话是什么意思？"

我直言不讳地问道。课长一脸尴尬的表情。

"嗯，你看，我们公司女员工比较少对吧？"

我想了想，点点头。

"公司成立得比较久了，上面的领导都是一些想法比较陈旧的人，他们老觉得女孩子就是做些辅助性的工作而已，男人才是主力。"

课长的话我越听越觉得矛盾。的确公司的女性数量比较少，但就连这为数不多的女性阵营，也都跟男性一样，一直工作到深夜。正因为如此，我才会对自己一个人早下班，而感到不好意思。

"您的话我不太明白。请您有什么话，直接说吧。"

说实话，我特别讨厌这种扭扭捏捏说话不爽快的男人。课长就有些不干脆的地方，我从很久之前开始就看着他着急。

被比自己年龄小的我这么言辞激烈地说了一番后，他好像有些生气了，眉宇间挤出几道不耐烦的皱纹。"其实，我也不想说这种事情啊。完全是些无聊的蠢事。"

"说吧。"

"是绿川，绿川。"

被他这么一说，我才开始有些眉目。

"是绿川小姐吗？"

"对啊，她看到你工作这么干练，备受大家的喜爱，而且还能五点就下班回家，因此嫉妒得不得了。所以她让我跟你说，你既然是来打零工的，就要有打零工者的样子。哎，不过，你也不必太往心里去。就是记得注意点儿，好好跟她相处就行。"

课长的这番话听得出他的为难之处，于是我把自己想说的"派遣跟临时工不一样"这句话硬生生地咽了回去。

绿川由子无法胜任工作。

我觉得，像她那种什么都不会的人，也是少之又少了吧。企划之类的工作她当然不会，电脑也不太能捣鼓。

据说她已经进公司三年了，可还是只能做些辅助类的工作。反倒是后进公司的我，现在做着比她更多的工作。她如果是男的，那么肯定就被贴上"窗边先生二号"的标签了，幸好她是个女人，所以还能做些端茶倒水的工作。于是领导们决定，与其勉强让她承担重要的工作，让她给你惹出些大麻烦，倒不如就像这样，让她做些杂务。于是她也就勉勉强强地在公司混着日子。

话说为什么公司会雇用这样的人为正式员工呢？因为据说上头的一个领导是她的亲戚。果然，人脉比宝剑还要强悍。

"她要说我干活儿干得太多，我也没啥可说的。"

我站在茶水间的门背后，朝着空荡荡的办公室看去。员工们都去开会了。午后的阳光透过窗户照进来，办公室里绿川由子一边翻读着女性杂志，一边剪着指甲。窗边先生把双脚架在垃圾箱上正睡着午觉。

我无奈地凝视这幅光景。

曾经，我也是作为正式员工在一个公司就职。那是一家以出版信息周刊为主的出版社。那里根本没有区分男女的闲工夫，周末加班是理所当然的事情，回家就只是睡觉而已。没有跟公司以外的朋友见面的空隙，每天都是被繁忙的工作拽着往前走。

这种情况下，大家拼的不是你能不能做好工作了，拼的是你有没有足够的体力，只有体力充沛的人才能留下。你必须是不为小感冒所影响的人，在任何地方都能够熟睡的人，拥有强大的胃且不管发生什么事情都能吃下饭的人。

我呢，算起来是一个努力过度了的人，少了灵活和变通。

我无法跟这个公司近一步发生关系。

跟那个窗边先生，也无法理直气壮地大吵一架。

感觉好久没有疼痛的胃，又有些针刺的感觉。

想着必须要做好工作，越这样逼自己，我的胃就越觉得针刺般地疼痛。等意识到的时候，我已经在公司的厕所里，大块大块地吐血了。那时候，我的胃上已经开了一个大大的洞。

在医院住了半年后，我已经完全没有了回到原来那家公司的干劲儿。当初我抱着想做充实的工作的想法，进入了那家公司，然而，现在我开始质疑，难道仅仅是忙碌就算充实了吗？

后来，我想先找个过渡性的工作，于是注册加入了派遣的行业。我想，一边做着这样慢节奏的工作，一边思考自己到底真正想做的是什么。

这么一试，我发现派遣的工作似乎非常适合我。为了五点钟能够准时下班，白天我就拼命工作。这股拼命的干劲儿大家是能够感受得到的。因此，我成了员工们都重视的对象。而且，五点钟一定能回家，这种保证给我带来了安全感，感觉非常好。在以前的公司，连恋爱的时间都没有。而现在，我就可以跟学生时代的男同学们联系，偶尔还可以约出来吃个饭。

一周三天的休息日里，我两天可以去便宜的英语培训班学习英语，还有一天可以什么都不做，舒舒服服地过。

这种感觉好极了，没有任何可以抱怨的。那些曾经一想到第二天的工作，就疲惫得睡不着，不争气地哭个不停的夜晚，简直像没发生过一样。

但现在，为什么要被别人这样泼冷水？为什么要被那通过关系进到公司来的什么工作都做不好的人，说我"不过就是个派遣的而已"？

想到这里，我独自摇了摇头。以前我就是把这些小事都太当回事儿了，所以才会让胃都跟着遭殃。那种女人的几句戏言而已，管她呢。

　　就在我刚迈开步子，准备继续去工作的时候，办公室里的电话响了，绿川由子轻飘飘地瞧了我一眼后拿起了电话。

　　我在一旁的位子上坐下，不自觉地用余光看着，她报上公司的名字后明显已经不知道该怎么应对电话那头的人。像是在发出求救信号一般，她的脸在我和窗边先生之间左右转动。这时窗边先生睡得正香甜。

　　"……那个加纳小姐，你来一下。"

　　我被叫到后，只好无奈地站起身来。

　　"是打给我的吗？"

　　"不是。是……是一个老外。"

　　我在内心大大地咂了咂嘴。静音键也不按，就开口管人家叫"老外"，这个女人的脑子是不是少了根筋？

　　我一把从她手中抓过电话。我也刚在英语学习班上学了半年，英语说得也不顺溜。不过，把员工们正在开会这点儿事情告诉对方还是能办到的。

　　我挂上电话后，她那冒着熊熊怒火的眼神就转向了我。我打了个寒战。

　　我刚帮了你，你怎么还给我甩这副脸色？

　　"你还真是了不起呢。那就别当什么临时工，去找个正式工作呗。"

听了这句带着满满的讽刺意味的话，我不由得回击道：

"派遣不是临时工。"

"啊，是吗？每天五点钟就走的人也不是？"

"你这个人，你知道你在说什么吗？"

"什么啊，瞧你这趾高气扬的态度。"

吵得热火朝天的我们身后，突然传来像在"砰、砰、砰"敲水桶的声音。

我回头一看，原来是窗边先生醒了，他伸懒腰时正好踢到了垃圾箱。

"你们吵够了吧，真是丢人现眼。"

"你有什么资格说我？"我的这句话都到了嗓子眼儿。由子一转身就跑到洗手间那边去了。

"绿川做得不对，你也不对。"

平日里基本上不跟任何人说话，有事情的时候只是哈哈笑的这个人，对我这样说。他是觉得，自己既然不能对正式员工提意见，那派遣的话自己就能随便教训了，对吧？

"我知道，加纳你在拼命地工作，可是你没有考虑自己的位置。你听清楚，你跟正式员工做一样的工作，但如果是工作上出现失误的话，这个责任谁来负？正式员工对吧？你处在安全地带，专门收获着好处而已。"

我无语了。

"虽然我理解你的心情。但是我觉得，你这样一副自己完全没错的样子不好。"

窗边先生说话的口吻很淡定，但反驳的话，我却一句也没有找到。不知道为什么，我没有说出那句——你凭什么教训我？

　　那一天，我也五点钟就离开了办公室。公司的公共出口处，其他部门看上去跟我一样是派遣的女孩子正在打卡。

　　我目送着那个人抱着网球拍，高高兴兴地离开了公司。

　　我一个人慢慢地走到车站，不知为什么感到极度孤独。

　　现在的工作很好，非常自由。五点以后，时间完全由自己支配。

　　可是，自由的代价就是孤独。

　　我无法跟这个公司近一步发生关系。跟那个窗边先生，也无法理直气壮地大吵一架。

　　感觉好久没有疼痛的胃，又有些针刺的感觉。

　　我伫立在车站的商店前。

　　是该买本招聘杂志，还是该做别的什么？我犹豫了许久。

08

天使的烦恼

我只要自己能做的，就尽全力有条不紊地做到最好。今晚，我也肯定是一边微笑，一边倾听那些说自己睡不着的病人讲话吧。

天　使　的　烦　恼

晚上七点二十分，恋人打来电话。

七点三十二分，恋人挂断电话。就在这短短十二分钟之内，我又失去了一个恋人。我呆呆地坐在公寓的房间里，一动不动地盯着那个被挂断的电话。北风呼啸的声音传进屋内。我看见放在床头的闹钟已经指到了八点，便缓缓地站起身来。

我必须去上夜班，出门之前不得不吃饱饭、洗好澡。我走进浴室，拧开水龙头的开关，然后又到厨房，把冷冻饺子用微波炉加热，拿出昨天剩下的筑前煮[1]和纳豆，冲好方便袋装的味噌汤。

我打开电视，一个人边看电视边吃饭。从浴室传来的水声和电

1 　一道日式料理。主要原料有鸡肉、莴苣、牛蒡、芋头、莲藕等。将鸡肉炒热，加入各类食材一同用高汤炖煮。

视里猜谜节目的声音，让我一时忘却了窗外寒冷的北风。

筑前煮是昨晚男友说要来而特地为他准备的。可是，昨晚他却连招呼都没打一声，就放了我的鸽子。

接着，就是他刚才打来的那通电话。虽然他在电话里找了各种各样的理由，其实说白了，就是再也不会到我这间屋子里来了。在他的心里，我们的恋情已经走到了尽头。即便我还余情未了，但对他来说，这都已经与他无关了。我连说一句狠话的力气都提不起来。

我一声不吭地把晚饭往嘴里送，喝几口味噌汤，咬一口莲藕，吃完后立刻站起身来，把碗筷洗干净，放进碗槽。饭后该不该喝口茶？我犹豫了片刻后，干脆没喝就直接脱了衣服，打开浴室门。

把身体泡在浴缸里后，我的心情总算有了一丝平静。紧接着，"被男友甩了"的实感随着温暖的洗澡水一同向周身弥漫开去。

啊，又一次，被抛弃了。

这是我第几次失恋了啊？已经数不清了。

一恋爱，我肯定以失败告终，无一例外。只要跟男人交往，我最后肯定被甩。

从前，我就这个事情跟我同事抱怨过。结果她反倒哭了，还对我说："只要能谈恋爱不就挺好吗？像我这样的，从出生到现在，一次都没有跟男人谈过恋爱。"

也许，她说的不无道理。

我的恋爱经历虽然不算数量惊人，但我也跟好几个男人交往过。每段恋爱的最初阶段，都像是升天一般幸福无比，我总感觉怎么会有这么彼此情投意合的人啊，这幸福会永远持续下去吧。

然而，却以我被甩告终。

为什么？我哪里不好？

走出浴缸，我把头发洗了。十几岁时，我那长到腰间的头发，失恋一次就剪掉一截，现在已经变成了比下巴线还短的 BOB 头。一旦交了新恋人后，我就又开始留长发。可是，最近这几年留发的速度已经赶不上剪发的速度了。

这样一来，一瓶洗发水可以用很久，洗头发也变得轻松，吹头发也省时。大家也都说短发很适合我。但我还是喜欢长发。

我突然瞟了一眼浴室墙上贴着的镜子，镜中的我正与我对视。

我的那张脸，虽算不上美，但也并不丑。

我既不算瘦，也称不上胖，胸前结实有料，腰身也不输于常人。

这样说难免有点儿自卖自夸的嫌疑，但句句都是实话。而且我的性格也不差。因为职业是护士的原因，虽然性格中多少有些强势的地方，但心还是比较大，不会为一些小事就闷闷不乐，也不会黏着别人要礼物，性格也足够开朗大方。

然而，这样的我，依然常常被甩。

难道，我有什么致命的缺点吗？

难道？

难道，因为我是"护士"的缘故？

浴镜中，我那一双血红的眼睛正盯着自己。沿着双颊往下流的水珠，并不是从头发上滴下来的。

其实，我已经察觉到了真正的原因。

我，不该跟病人交往的。

洗完澡，我站在浴镜前面，一边用吹风机吹头，一边恍恍惚惚地这样思考着。

刚才电话里的那个恋人就是我曾经的病人。前一任男友也是。再往前的一任男友也不例外。

我所负责的是外科住院部。外科的话，因为受伤和事故而住院的人很多。比起内科，外科住院的人在平均年龄上要小许多。很多情况下都是昨天还蹦蹦跳跳的人，今天突然就因为发生什么事故而入院了。而这种人对于突如其来的住院生活往往不知所措。

我还是一个新手的时候，从一位受人尊敬的前辈那里听过这番话。

"入院的患者中，很多都会因为环境的突然变化而产生睡眠障碍。这种时候，在寻求安眠药物治疗之前，我们会先选择倾听的方式帮助他们。不管对方聊的是人生哲理，还是无聊八卦，哪怕只是短短五分钟，我们认真地听患者诉说。只是这样一个简简单单的行为，就能让很多患者睡得香甜。"

经实践之后，我发现确实如此。入院患者的心通常都跟身体一起变得比较脆弱。无论是大公司老板，还是满身刺青的人，或是暴走族的头目，无不一声声地呼唤道："护士小姐，护士小姐……"抬起眼睛望着我，那样子像极了狗狗的幼崽。

因此，我一向竭尽全力地去倾听我的患者们的诉说。我想并不单是我一个人这样，护士们应该都是这么做的吧。我们常常人手不足，要做的事情堆积如山，尽管如此，大家应该都在竭尽全力，同时兼顾着对患者身体和心灵两方面的关爱。

我也常常因此跟患者关系比较亲密。如果是年龄相近的男性，几个月的入院生活中，大家说话就会变得比较随意。他们常常就会说："等我出院后，我们约会吧。"

然而，大部分的人出院后就杳无音讯。当然这样也好。他们身体恢复了健康，能够出院了就好。可是，有些时候还真的会出现一些要跟我约会的人。

被人邀请，我当然开心，于是便欣然赴约。

"护士真是一个了不起的工作啊，我太感动了。"

被对方这样称赞着，双手被紧紧地握着，身体被深情地拥抱着，我感到无比幸福，内心欢喜得眼泪都要流出来。

然后我们便开始交往，几个月后我就被甩。

啊，这样的经历已经不知重复了多少次。

想到这里，我停住手中的吹风机。浴镜中映照出的我，又一次向这边投来了目光。

你是笨蛋吗？长点儿记性吧！镜中的我这样说道。

外面是二月的晚上十点。如果可以，我想裹着电热毯冬眠。然而，我却不得不出门去医院值夜班。

我穿着厚重的外套，把围巾在脖子上缠了一圈又一圈，打开玄关门，一瞬间脚边就是一股冷风袭来。我强忍着想立刻缩回房间的冲动，走下了公寓的台阶。

这么悲伤的时刻，为什么我还必须去上班啊？我工作一向是那么认真负责，今天哪怕休息一次，也不会遭天谴的吧？

走在阴暗寒冷的夜路上，我这样思索着，但又不由得轻轻摇了摇头。如果我休假的话，我的那部分工作就会给别的同事增添负担。如果是真的病了，那倒没话说，但我非常健康。而且，我还牵挂着那些手术后的患者恢复得好不好。

于是，我自个儿苦笑了一下。从什么时候开始，我变得对工作这般认真了啊？

成为护士，这并不是我一直所憧憬的志向。

我是实在忍受不了无聊的乡村生活，说什么也想到东京来看看。护士学校的话，既有宿舍可以住，又不愁找不到工作，而且还有工资可以拿。我就是带着这样不纯的动机开始的。先试一试，如果不行便作罢。我想，反正我只要到了东京，工作什么的要多少有多少。

可是，从学校毕业后，我却认认真真地当起了护士。学校的学习和单位的实习都比想象中艰苦许多，不过同时也比想象中快乐很多，无不让人感到充实有意义。

交到了朋友；遇到了令人尊敬的前辈；亲历了别人的死亡；见证了身患重症的病人结束长期与病魔的抗争，最后健健康康地出院；也曾被性格怪异的病人和医生们欺负；也曾把手指伸进便秘严重的病人的肛门里帮他掏过大便；也曾接受过病人们激动万分的道谢。

那个曾是一个农村"不良少女"的我，真正成了一名"护士"。

我只要自己能做的，就尽全力有条不紊地做到最好。今晚，我也肯定是一边微笑，一边倾听那些说自己睡不着的病人讲话吧。

真痛苦啊！

曾经的恋人们都很赞赏作为一个护士的我。他们都说这是一个非常了不起的工作。他们都对我说："在护士之中，你看起来尤为英姿飒爽和绚丽夺目。"

然而，他们却都离我而去。

是不是因为一旦跟我交往后，他们发现我根本不那么愿意听别人倾诉？而且也从来不撒娇卖萌？或者是因为白班、晚班三班倒，他们感觉要配合我的生活节奏越来越痛苦？再或者是因为在医院的时候我看上去那么英姿飒爽，可回到家后整个人就懒散下来，没了精气神？

但这不是没有办法的事儿吗？我只有在患者的面前才是一名"护士"呀。在健康人跟前，尤其是在恋人面前，我只不过是一个二十五岁的女性而已。

喝了酒醉醺醺的上班族，一个个色迷迷地一边盯着站立在路旁的我，一边缓缓地从我的身边走过。赶着回家的人们接二连三与我擦肩而过。大家接下来都是回到家中，把双脚泡在暖烘烘的浴缸里，或是裹在舒服的毛毯里吧？

我真想就这样一走了之。

我真切地这样想。鞋里的脚趾已经冻得感觉像结了冰一般。

每段恋爱的最初阶段，都像是升天一般幸福无比，
我总感觉怎么会有这么彼此情投意合的人啊，
这幸福会永远持续下去吧。

我一个人不在了，医院也不会倒闭。我就这样回农村去吧？

为什么必须要顶着这样的痛苦，去精心地看护别人？这真的是因为我的工作所致吗？

我好歹也是人，我也有这样止步不前的时刻。我也有不想倾听别人诉苦的时候。

"怎么了呀？小姑娘。"

当我正咬紧牙齿，想止住要掉下来的眼泪时，面前突然出现了一张陌生男人的面孔。我惊讶得说不出话来。

"怎么？你心情不好吗？喝醉了？"

这个男人一股酒臭味。他的脸蛋和鼻头都泛红。不过他看上去很年轻，长相也非常英俊。

"你这是刚下班吗？住在这附近？喂，你要愿意的话，跟我喝一杯茶吧？啊，当然，喝酒也行。我知道有一家烤鸡店就在这前面。"

说着，这男人就伸手往我腰上搂过来。就是这个时候，无意识之间，我的拳头挥向了他。这一拳打得甚是凶猛。

啊，等我的意识恢复过来时，我已经对着这男人的鼻尖一阵猛打。这家伙跟跟跄跄一屁股坐倒在地上。

我被自己吓着了，看了看自己那紧紧地捏成了拳头的右手。那男人正摇着头在念叨着什么。

为……为什么会揍陌生男人啊？

我突然害怕起来，赶紧向通往车站的方向跑去。

什么都不想，我只顾着拼命奔跑。等我急急忙忙地穿过车站的检票口，才停下脚步，一下子坐到过道边的座椅上。我的喉咙已经沙沙作响。

我用双手按着胸膛，调整了好一阵呼吸。

当"一号线的列车即将进站"的广播声传来时，我才抬起头来。夜的另一端，列车的灯光向这边徐徐逼近。

我坐上了滑进站台的列车，用我那依然还有些颤抖的手拉住吊环。

"啊，总算出了口气。"

坐在我面前的 OL 模样的女孩抬起头，一脸疑惑地看着我。

09

爱上一个女演员

　　请您别放弃。我是您的粉丝。我是因为看到您的表演，才决定进剧团的。

爱 上 一 个 女 演 员

我爱上了一位女演员。

她的皮肤白皙透明，有一双大大的眼睛，还有赤红的双唇。

她的声音宛如钢琴般动听，朝坐在剧场最后一排的我，像浪涛一般涌来。不过，其实那只是跟学校的视听室一样大小的一个微型剧场而已。

在那小小的舞台上，她一会儿笑，一会儿哭；一会儿腾空跃起，一会儿又瘫倒在地；一会儿放声高歌，一会儿又仰天凝视。

我深深地迷上了她。

跟她相比，我们学校的女孩子们简直称不上"女人"。完全无法想象她们居然是同一个性别的人。

我想一直守候着她。

想跟她发展成男女朋友关系，这种异想天开的想法我是没有的。

我只想一直关注着她。

如果她成为偶像歌手，那我肯定就会立刻加入她的粉丝俱乐部；只要是她参加的电视节目，我肯定会一个不漏地录下来；她的演唱会、签名会我通通都会前去捧场。

不过，她，其实只是一个小之又小的剧团里的女演员。何时才会有下一次演出都是个未知数。

当我在剧场拿到宣传单，看到上面写着"演员和员工招募"的文字时，我下定了决心进入这个剧团。这样一来，我就可以经常看到她了。

"初中三年级？"

在剧团办公室（其实就是一个旧公寓里的一个房间而已）里，剧团的领导用一副疑惑的表情盯着我。我于是后悔老老实实地报上自己的实际年龄了。

"你愿意来帮助我们，这倒是很难得，但是你初中三年级，不是马上要中考了吗？"

"我上的是私立学校，毕业后要进入的高中早就已经敲定了。"

我撒了谎。其实，我是一个名副其实的马上就要上全市中考战场的初三学生。

他嘟起嘴巴，仿佛在思考着什么。

"而且，你还不想扮演人物角色，想演道具，是吧？"

"是的，我对舞台美术很感兴趣。"

我胡言乱语一通。不过，其实这里面也并非全是谎话。

前些日子，表哥跟我说："这是别人送我的，我不感兴趣，就给你小子吧。"于是给了我一张戏剧的门票。正巧剧场就在我上学放学途中的车站旁，而且我也对每天奔波于学校和补习班的生活感到厌烦了，因此便一时兴起去看了那场戏剧。

说起戏剧，到目前为止，我只看过学校话剧部演出的那些无聊透顶的节目，所以当看到他们时，我感到了震撼。这就像只看过迪士尼电影的孩子，突然看到大卫·芬奇的电影一样。

"那，好吧。反正我们正好人手不足，你就来帮我们吧。可是我们不支付工资哟，便当之类的倒是可以有。"

说完他就站起身来。

"好的，谢谢您，我一定会努力的。"

他吃惊地看着我。

"你，真是个奇怪的小孩。"

"是吗？"

"算了，不管了。对了，马上有喜剧演出，你能过来吗？我把你介绍给大家。"

我使劲儿点点头，心里怦怦直跳。好久没有这种心情了。

剧团的喜剧在剧场旁边的一个公民馆中的房间里上演。

几个团员把桌子和椅子挪到房间角落里，就手持着剧本模样的东西，开始演喜剧了。

她也是其中之一。

今天的她穿着一套运动装，即便是奉承也说不上漂亮。我当初在舞台下看到她的时候，她是身着白色裙子头戴鲜花的模样，所以

我的眼睛只追随着她，
看着她笑，看着她拨弄着刘海儿，
看着她闭上眼睛静静地低下头。

今天刚看到时，我吃了一惊。她把长长的头发捆绑成团，妆也没有化。不过，那大大的眼眸还是跟在舞台上一模一样。

"哎呀，这个小孩儿是谁呀？真锅先生，您还好这一口？"

她甜甜地笑着打招呼。这么一会儿工夫，我的心中就已经小鹿乱撞了。我还在想："什么叫作好这一口？"

"笨蛋，开什么玩笑。我才不会对未成年人下手呢。而且这小子从今天开始就是我们这里的实习生了。他帮助我们料理大道具之类的事情。你叫……嗯什么名字来着？"

"我叫铃木正彦。"

"对，就是就是。今天负责美工的家伙没有来，你就先看着我们的表演吧。"

我点点头，到一旁的椅子上坐下。他们又拿起剧本，开始演戏。

我的眼睛只追随着她，看着她笑，看着她拨弄着刘海儿，看着她发出很大的声音，看着她闭上眼睛静静地低下头。

在我看来，他们的表演通通情绪高涨，非常抽象。说实话，我其实并不太明白剧中所表达的内容，只是被他们那股力量所震撼了。

他们演出这场喜剧时所使用的高涨情绪本身就可以称为喜剧了。写剧本的那个人，正用很大的声音冲每一个演员发号施令，跟着，演员的表演就发生了微妙的改变。

被叫作戏剧的这种东西，原来就是这样出来的啊，我怀着敬佩的心情看着这一切。

每次被演技指导训斥后，其他的演员都是咬着嘴唇，默默地低着头，而她却不一样。只要被说了什么，她肯定会大声反击。

那内容对我来说太过抽象，不知道两个人是在为了什么事情发生争议呢，还是发生了别的什么情况？我完全不得而知。只是我明白他们争论了一番后，她怒吼出的那句台词。

　　"我才不是萝卜什么的呢，明明是你的剧本不好吧？没人来看演出，恐怕不是我们的原因。"

　　这一瞬间，那人举起手臂把她一巴掌拍倒在地。我大吃一惊，从椅子上跳了起来。

　　"居然打女演员的脸，你还算哪门子的演出家！"

　　她倒在地上大声叫道。又一瞬间，她的屁股又被踢了一脚。

　　她一口气说完气话便站起身来，大步流星地从已经惊得目瞪口呆的我面前经过，走出门去。

　　她气冲冲地关上门后，剩下的人居然都松了口气，开始伸起懒腰来。

　　"请问，不用去追吗？"

　　我不由得向大家问道。全部人的眼睛都望向了我。

　　"算了，算了，由她去吧。都是家常便饭了。"

　　"不管怎么说，那家伙马上也要到打工的时间了，多半是想趁机早走呢。"

　　"你若担心的话，你去追追试试？"

　　他们说完这番话后居然还笑了。我诚惶诚恐地看看他们，又看看那刚关上的门，狠下心一口气冲出了门。

　　出了公民馆后，我开始搜索她的身影。

于是发现了眼前正在过人行横道的一个像她模样的背影。信号灯在倒计时，我赶紧慌慌张张地追过了人行横道。

她走在距离我大约两米远的地方。该不该叫住她，我犹豫了。我能找到什么安慰的话啊？

我边踌躇，边跟着她的步伐，走在她身后。

这是一个周六的午后，街上的行人看起来都充满了喜悦。女人们都穿着时尚的服饰，手牵手走在一起的情侣也很多。

她穿着演出服走在这样的人流之中。身上的那身衣服虽然还没有奇怪到让人回眸张望，但也很难说看上去时尚好看。与其说她是女演员，她此刻感觉更像是从家里出来买点儿什么东西的胖孩子。

让我感到奇怪的是，她竟然步伐轻快。

一开始我还以为是我的错觉。因为她是跟演出家那样大吵了一通，撕破了脸冲出剧场的，耷拉着肩膀也不足为奇，然而她竟然走得轻快无比。

她的肩上挎着一个小肩包，那里面好像没放什么东西。也就是说，她的包里没装换洗的衣服。那么她的家就在这附近吧？

我就这样一直不断推测着，不知不觉就完全错过了跟她打招呼的时机。

正在这时，她突然在一家书店前停下了脚步。我也急忙停下来，立即跑进旁边的电话亭里，装出一副拿起话筒打电话的样子。

她拿起一本摆放在书店门前的漫画杂志，然后"哗啦啦"地翻看着。看到她那笑起来的模样，我眼睛都瞪圆了。

我崇拜的女演员，我的女神，居然看着少年漫画哈哈大笑。虽然，我也是每周愉快地看着这样的漫画杂志。虽说因为找到了共同点，我挺开心，但是说实话，她在我心中的印象开始崩溃了。

她放下漫画杂志后，又踏着轻盈的步伐上路了。从宽敞大道转到羊肠小道，再走进居民区中。

行人越来越少，我于是跟她保持了比刚才更远的距离。她欢欢喜喜地沿着坡道向上走。

突然，她又停下了脚步，用手抚摩着一户人家庭院前拴着的狗狗。我藏到电线杆的背后，悄悄地看着她微笑的侧脸。

只见她把手从狗狗身上移开后，站起身来，然后突然向我这边看来。我一惊立即蜷缩起身体。她环视周围一圈后，做了个伸懒腰的动作，向上伸出双臂。

我还以为她要做什么呢，结果她居然摘了这户人家庭院里的一朵小花，然后一副悠然自得的样子又上路了。

我简直愣住了。

我的女神，不但站着阅读人家店里的漫画，而且还做出偷人家园中的花这样的事情。

她大步地往坡道上走。我慌慌张张地跟在她的身后。

在登上坡道顶处后，她大步踏上了一栋破破烂烂的住宅楼的铁楼梯。然后，从口袋里拿出钥匙，我一直看着她走进那房间。

她原来住在这里。

我小心翼翼地沿着来的路往回走。一个小小的公园映入眼帘，我便在沙土堆旁的一张长椅上坐下来。

不知道为什么，我完全泄气了。

但泄气并不是因为没化妆的她脸上很多雀斑这件事，也不是因为她比我想象的要粗俗，也不是因为她住在脏兮兮的楼房里这件事。（不，多少还是有些失望的。）

我到底是因为什么而这样泄气啊？我到底想从她那里获得什么啊？

突然，最近一直搁在一旁的考试题目闪入脑海。我抱着头，胸中感到一阵焦虑。

"喂喂，那个。"

肩膀被轻轻地拍了一下，我急忙抬起头来一看，居然面前出现了我的女神的面容。

我不禁向后退了一步。

"什么呀，真没礼貌。你，就是刚才那个来剧场的孩子呀？叫什么名字来着？"

"铃木。"

"哦，对了叫铃木。你在这种地方干什么？"

她还是穿着刚才那身衣服，手里居然还端着一个脸盆。我盯着那个鲜艳的粉红色的洗脸盆看，里面放着浴巾和洗发液。

"我正准备去澡堂呢。"

"哦。"

"你呢？你是住在这附近吗？"

她在我身旁坐下来，从屁股口袋里拿出一支烟。

女神把含着的香烟点燃了。

"你真是个奇怪的孩子呢。今年多大啦？"

"十五岁。"

"不会吧，居然跟我差了一轮。"

骗人的吧，我在心里暗自惊叹道。差一轮的话也就是说有十二岁的年龄差了哟，那么她已经二十七了？虽然我想她肯定已经二十多岁了吧，但是一直觉得顶多也就二十二左右。

"喂，你这十五岁的孩子怎么想着到剧团来演大道具啊？因为喜欢戏剧？"

她凝视着我的脸。这时我感到下半身有些把持不住。

啊，我想，这个人果然是"女性"啊。

我点着头，她可能以为我是在点头表示喜欢戏剧呢，于是欢喜地笑着说道：

"这样啊，原来是因为喜欢戏剧啊。我也是，喜欢得不得了。可是，搞戏剧，根本吃不饱饭啊。对了，我一会儿还要去烤肉店打工。"

"哦哦，是吗？"

"是的。所以我想着至少要搬到一个带浴缸的公寓里去呢。嗯，其实我如果想搬的话也能够办到的。"

听着她像在自言自语，我抬起了头。

"我常这样对自己说：'你呀，只要不干这个总是分文不赚的戏剧，老老实实去公司上班就能办到啦。'啊，我干脆就真的不干了吧。"

她说这番话时，鼻尖泛起皱纹。

"我，人长得又丑，又没有什么才能。"

那番自言自语听起来可不像是在谦虚。她是没有意识到自己多

有些事情，要等到你真正经历，才明白个中艰辛；
有些东西，只有你亲眼见到，才知道其中真相。

么美丽吧。

她把吸完的香烟用手指一弹，就随手扔掉了，然后用穿着运动鞋的脚踩灭。

"您真的不干戏剧了吗？"

"唉，谁知道呢。"

我将双手紧紧地握住放在膝盖上。

"请您别放弃。我是您的粉丝。我是因为看到您的表演，才决定进剧团的。"

她听了这番话，一开始是一副惊讶的表情，随后哈哈大笑。

"小小年纪，真会奉承人呢。"

"这不是奉承。我是说真的。"

"明白了，明白了。我不会放弃的。那，我去澡堂了哟。"

她元气满满地站起身来，拿起洗脸盆离开。随后又突然转过头来，对着我夸张地挥挥手。

我看着她迈着欢快的脚步消失在路的尽头。

我从出生到现在，从来没有去过一次澡堂。

不禁觉得自己好惭愧。

10

诸多不顺，
真的要归咎于性别吗？

人的心是无法用机器计算的。
人的感情是最为复杂的。

我曾以为，要完全掌握六十进制算法需要花整整一年的时间。但后来我发现，这种事情如果习以为常的话，大脑和手都会下意识地自动工作。

我做电视台计时员以来，今年已经是第四个年头，虽然早已习惯了手持秒表来计时这件事，可到现在我依旧还是会有出错的时候。

人的心是无法用机器计算的。

人的感情是最为复杂的。

"嘿，三猪。"

我在等待下楼的电梯时，有人啪地拍了一下我的肩膀。一回头，只见长谷川导演笑嘻嘻地站在身后。

"啊，早上好。"

"听说了哦，上周的事很严重，是吗？"

"嗯，冷不防地总会遇上一些麻烦。"

我们走进电梯。

"小冲生气了吧？"

他说出了摄影师的名字。

"不仅是小冲，AD，还有那些打工仔，大家都生气了呢。"

"那'简朴'你呢？"

我抬起头，看了看局里这架老旧得咯吱作响的电梯，深深地叹了一口气。

电梯里只有我和长谷川。到这个春天为止，我就已经和他一起工作三年了。我们之间，不仅对彼此的性情了如指掌，就连不该知道的隐私，我们相互都无一不知晓。

尽管如此，我也没有透露真心话。

"我不生气。"

"那么，用针扎稻草人来诅咒的事情也是谣言喽？"

"别提这件事了，我对那个人实在是反感至极。"

长谷川沉默了一下，再次拍了拍我的肩膀。

"我们谈一下吧。在这附近吃个饭什么的。"

我差一点就要点头答应，但还是选择了拒绝。因为我不可以在这里答应。

这时电梯的门开了，我先跨步走了出去，就像从长谷川身旁逃跑一般，快速沿着走廊跑开了。

"那种女人，就应该让她引咎辞职吧。"

从背后传来了他半开玩笑似的声音。

我现在所工作的单位是一家地方都市电视台。我在这里做着计时员的工作。

"计时员"这一行并不需要从专门的学校毕业，也不需要有什么特殊的资质。电视台甚至都不需要专门招聘计时员。因此，很多计时员都是自然而然"应运而生"的，我也是如此。在地方电视台兼职做会计的时候，因为计时员人手不足，电视台的人就问我要不要来做，我便借此机会进入了这一行。

开始的时候，我跟着前辈学习。只要是前辈吩咐的事，我都会拼命去做。于是，半年不到我就做了一档节目的计时员。但是初期总是失败不断，那时经常一天会被骂很多次。

虽然，现在有时依旧也会因为出错而被骂，但偶尔我也会因为觉得不满而对骂回去，与之叫板，所以不禁觉得自己的脸皮也变厚了。

但毕竟与大都市的电视台不同，这里只是一个地方的小电视台而已，电视台的整体氛围都较为轻松，即使在工作中发生争议，大家都有着"我们是共同制作电视节目的伙伴"这样一种强烈的团体意识，因而同事之间都能够和睦相处。

可是……

这个春天，在东京电视台做过导演的一名女性来到我们的电视台。于是，这就像平和的古都中出现了一头哥斯拉怪兽一般，曾经和睦的职场里顿时硝烟弥漫。

我怀着忧虑不安的心情走进了录影棚。刚进门，就立刻听到那个人突然向我打招呼的声音。

"北岛小姐。"

大家都穿着牛仔裤和运动衫，唯独她一个人穿着正式的套装。

"是……是的，早上好。"

"由于九州好像有台风要来，今天可能要播新闻。要记住哦。"

这个年龄比我大了一轮的女导演，两只胳膊交叉环抱在胸前，这样对我说。虽然，这些小事不用她说我也知道，但我还是老老实实地回答道："好的。"女导演一声不吭地点了点头，又转过身去。

"那个……成濑小姐。"

我不自觉地叫了一句。一双冰冷的黑色眼眸回过头来望向我。

"不，没什么……"

"没什么事就不要叫我。"

长发飘飘的成濑导演，迈着大步横穿过工作室。

从周二到周四，下午两点到三点半的这档综合性电视娱乐节目，是由我负责计时的。

到去年为止，我一直在负责一档一个小时的音乐节目。节目内容是介绍流行音乐录影带与本周音乐排行榜前十名歌曲等。

其次就是针对到本地来开音乐会的乐队进行采访，以及有关本地业余乐队的介绍。

由于节目面向年轻人群，所以工作人员也大部分是年轻人。虽然也在节目中遇到过一些很棘手的问题，但由于是一档工作人员自身也非常感兴趣的节目，而且年轻人的反应也十分迅速，因此还是一档让人觉得做起来很有价值的节目。

所以，当有人邀请我转到现场直播的综合性电视娱乐节目时，我犹豫了好一阵。所谓的计时员，其实并不算台里的员工。计时员可以根据自己的意愿与每一个节目组签约。因此，如果自己不想做的话，拒绝了也不是什么大问题。然而，有两点理由让我接受了这档综合性电视娱乐节目的工作邀请。

第一点是，这档面向家庭主妇的综合性电视娱乐节目是每天现场直播的。我一向只做过录播节目，这次也想体验一下直播节目的制作。计时员这种工作，只要想做的话就可以做得足够久。积累各种丰富的经验总不会有什么坏处。

另外，还有一个理由。这也是决定性的理由。

我与电梯里遇见的长谷川导演之间曾经有过一段恋爱史，而且是不该有的婚外恋。

我自己，也被自己这种像电视剧般的行为给吓到了。简直就像护士与医生、少女漫画家与编辑一样，作为计时员的我也和导演坠入了爱河。

很可笑是不是？因为导演和计时员，真的是一天二十四个小时都在一起。对于导演来说，计时员是最好的倾诉对象、辅佐者、智囊和侍女。

这种情况下，成年的男女之间，只要彼此之间不存在相互憎恨，又没有超越常人的坚定意志力，最终就难免发生那种事。

但是，我最后还是下定决心和他分手了。无论平日里我陪着他的时间比他家人多多少，正月和暑假他都依然会抛下我，去陪伴在

如果我是个男人的话，

我就可以抱住她，亲吻她的脸颊，

然后对她说："要加油，没事的，一切都会变好的。"

他的家人身旁。对于我来说，仍然是接受不了这样的事实。到后来，我常常想着不能再这样继续下去的时候，便和他提出了分手。

转到这个综合性电视娱乐节目的制作组，也算是我与他的告别。知道我的决心不会改变了以后，他说："如果遇到什么为难的事的话，通通都来找我商量吧。"，但从他的表情上，我明显看出他松了一口气。

因此，我是绝对不会找他商量的。

我暗下决心，他所说的那些"为难的事"，我一定都要一一由自己来解决。

离正式开始拍摄还有三十分钟的时间。虽然已经是每天都在进行的工作，但工作室依旧弥漫着紧张的气氛。

我跟主持人和演奏来宾打了招呼，随便闲聊了几句，然后又和负责新闻的播音员和导演，以及摄像师等人都逐一打完照面，最后就向调度室走去。

我刚伸出手准备开门，门就自动开了，AD君从里面走了出来。他一见到我，就很夸张地摇了摇头说：

"三猪姐，你听我说几句话嘛。"

"什么？已经没时间了，拍摄结束后再说不行吗？"

"不……过会儿说也行。"

"是成濑导演的事情吗？"

"除此之外，难道还有别的事吗？"

AD君跟着我走到了楼梯的末端，他再次摇了摇头。

"因为我只是个新人，关于工作上的事情，她无论怎么向我发火都没关系。像我 AD 这样的新人，因为业务上的事被责骂，再自然不过了。但她却骂我：'像你这种没骨气的男人不可能受女生欢迎，没有本事的人，还是赶紧老老实实滚去做事。'这样的话，哪怕我再没心没肺，也忍受不下去啊。那家伙以为她自己是哪门子大爷呀？"

　　"哦。"

　　"大家都这么说呢。她这样子恐怕真的不太好吧？"

　　是呀，AD 君，其实我也是这么想的。但是话说回来，跟我抱怨能有什么用呢？我只不过是一个小小的计时员而已。

　　"唉，总之，我们今天下班后去喝一杯吧？"

　　"行呀，一起去吧。啊，不好了！"

　　AD 君总算注意到时间已经所剩无几，便连忙慌慌张张地向楼下奔去。我收拾了一下沉重的心情，推开了演播调度室的大门。

　　坐在铁椅上的成濑导演用冷冰冰的眼神朝我看过来。我一言不发在转录员旁边坐下，手中握住挂在脖子上的计时器。

　　就在这时，坐在我正后方的成濑导演自顾自地大声说了这样一句话：

　　"跟谁都聊得头头是道，真能装可爱呢！"

　　虽然我已不像 AD 君那样是个新人，但听到这种话，我的大脑里依旧好像棒球棍打上棒球一样"梆"地一声巨响，整个人都蒙住了。

　　我的名字叫北岛，再加上鼻子有些往上翘，被大家叫作"三猪"[1]。平时我也不怎么化妆，还总是穿着破破烂烂的牛仔服。可这样的我偏偏被你称作"装可爱"，你这家伙是怎么想的呢？

我拿着计时器的手都忍不住颤抖起来。

虽然此刻怒火攻心，但是在这个时候我却不能表现出内心的情感波动。

我拿着计时器，示意到了插播广告的时候了。我站在调度室里向演播室里看去，用来调节时间用的台风临时报道都不用插播，节目正在比较顺畅地进行着。

当前播放的广告播完之后，接下来就该进入当地名人的采访环节了。

这个采访视频是上周提前录制好了的，那时成濑导演还闹出了一件事。

采访的对象是一位写玄幻小说与评论的中年作家。节目采访进行到最后阶段时，成濑导演突然对那位作家发难。

原因是当时那位作家说出了这样一番话："对于女人，相夫教子才是她们作为人的使命。"

成濑导演不顾当时录制还在进行，就冲那位作家吼道：

"像你这种白痴一样的男人，根本没有写作的资格！"

1　原文是"sabu"。根据文中提示，译者推断由于姓氏与日本演歌界泰斗级人物北岛三郎一致。北岛三郎在日语里叫作"kitajima saburou"（"三"在其中读作"sa"），"猪"在日语里叫作"buta"，所以连起来有了"sabu"这样的外号，因此此处选择译作"三猪"。

她就这样冷不防地打断了作家的采访。现场所有人都被惊得目瞪口呆。恐怕大家谁都没有想到，成濑导演会在节目录制期间，做出这样的行为。

当然，那位作家顿时火冒三丈。因为事后制片人一个劲儿地向作家道歉，作家才同意把采访的前半部分播放出来。

确实，我对那个作家的言论也没什么好感。那个作家之所以能这样轻易地就同意让我们播出，也是为了想通过电视节目来介绍自己的新作品。

即便如此，成濑导演的行为也确实恶劣。若是对作家的言论持有不同意见的话，不是明明应该还有其他可以采取的做法吗？

我瞥了一眼在后面站着的成濑导演，她像平常一样面无表情、一动不动地盯着前面。她的脸庞，除了有一些不太平易近人外，称作是美女毫不为过。

我实在不能够理解她为何会这样做。不管处于什么样的职位，女性不都应该是职场的润滑剂吗？

不过，确切地说，并非只有女性可以是职场的润滑剂。我在大学时曾在大型商场中做兼职。那时，我注意到在众多严厉的大妈中有一个和事佬，或者说是把学生兼职工作做得很好、性格也很好的男员工，他的存在使得商场的运营融洽有序、欣欣向荣。

电视台这种地方，毕竟还是一个男性社会。像我这样一个姿色几乎为零的人，也被归为了为数不多的几位异性之一。所以我尽我所能地大方处事，来为公司活跃气氛。

但是这样子有时却被说为"装可爱"，实在是感到心累。

画面上照例开始放起了访谈的视频。我一边确认时间，一边盯着计时器。通常是五分钟的节目，但因为剪掉了最后那个镜头转向成濑导演的画面，所以今天的节目稍微短了一些。那时我还想着要凑足时间不出差错，画面里突然出现了嘈杂的声音，正当我想着是怎么回事时，成濑导演出现在了画面中，她叉腿站在作家面前，说：

"像你这种白痴一样的男人，根本没有写作的资格！"

画面中她生气地大声叫骂着。就在我习惯性地把画面切成广告的瞬间，成濑导演几乎同时将椅子踢开，站了起来。

在那之后，成濑导演只是站着，并没有甩门离开。相反她看上去冷静得可怕。她示意让主持人简单地做了一个道歉。我稍稍微妙地调整了一下时间。之后虽然接了几通抱怨的电话，但事情没闹太大，也就这样过去了。

可是今天的反省会和讨论会上，成濑导演都没有现身。制片人脸色阴沉，说暂且不要管她。

我想她八成是生气地回电视台去了，便在电视台里四处寻找。

怎么想我都觉得这是有人故意为之的。成濑导演怒骂作家的画面被人整理编辑了出来。因为如果是当天录制的视频，视频时间本应该更长。一定是有人恶意做的。想到这里，我气得一阵头晕目眩。

如果有人对成濑导演的工作方式不满意，就应该用更加光明正大的方法来抗议。用这样小孩子恶作剧式的做法，把这个对电视台绝无好处的 VTR（录像）传扬出去，真是卑鄙得无下限。

我坐着电梯下楼，挨个房间，推开门寻找她。终于在服装室的一角看到了成濑导演的身影。

"成濑导演？"

我轻声喊道。我看到她的身体在轻微颤抖。

"那个，我……"

虽然开了口，但接着该说些什么，我实在是不知道。她坐在小圆椅上，看也不看我一眼。

"……如果我是个男人，如果我是个男人就好了，我就可以一直待在东京了。为什么母亲病倒了，就一定要把我叫回来呢？明明可以叫哥哥或者弟弟，为什么偏偏非得把我叫回来？"

她一边哭一边说。我在一旁呆呆地站着。成濑为何从东京来到这种小地方，我好像从来没有想过。

"你不这样觉得吗？女人总是被要求做这做那，而男人却总是一副心高气傲的样子。为什么女人总是要吃亏？男人为什么总是能做出这种厚颜无耻的事情来呢？"

成濑导演转头看向我，她的鼻尖通红，表情像是受了委屈的小孩子。

"你也像我一样，觉得自己如果是个男人就好了吗？你也觉得，男人总是一帆风顺，而女人却总是不知道该怎么做才好，对吧？"

"……没有那样的事。"

"你肯定也这样想过。你肯定理解我的心情对吧？"

我低下头，一声不吭。这的确是问题所在。确实我也觉得，如果成濑是个男人的话，巴结奉承等事做起来肯定会容易得多。

"成濑导演，没有人是可以随心所欲的。即便是男人，他们也需要时刻关注着别人的想法，考虑到别人的感受。"

"我没兴趣听你说教！"

她用高了一个八度的声音喊道。我想也没想，就用比她还要大的声音说："想以自己是个女人为借口，给自己找理由的，明明是成濑导演你啊！"

成濑猛然睁开那双被泪水浸透了的眼睛。

"不管发生了什么事情，选择了回到这里来的不都是你自己吗？工作也是这样，你现在的工作也并不是别人逼着你在做，对不对？是你自己想做所以在做，对不对？所以诸多不顺，真是都要归咎于性别吗？"

一口气说完了这些后，我咬住嘴唇。我虽然嘴上说着一些大道理，但是我又能如何呢？我做了什么了不起的事情吗，使我有资格给别人提意见？

成濑沉默下来，她把背靠在椅子上。她此刻那弱不禁风的样子惹人怜爱。

啊，如果我是个男人的话，我就可以抱住她，亲吻她的脸颊，然后对她说："要加油，没事的，一切都会变好的。"当我这样想的时候，身体早已不自觉地动了起来。

我把手搭在了她的肩上，用唇去吻了她眼角泛动的泪花。

她吃惊地望着我。

"加油吧，只要拼命地去做，大家肯定会理解的。一切都会变好的。"

成濑用手摸着被我亲过的地方，直眨眼睛。我正在想我们好像这样对视有一会儿了吧，她突然"扑哧"一声笑了出来。

　　"我还是第一次被女孩子吻呢。"

　　"那也就是说你被男孩子吻过喽？"

　　她张大了嘴看着我，随后耸了耸肩。

　　"三猪，你可真是个有趣的人呢。"

　　我也跟着耸了耸肩，笑了起来。成濑导演叫我"三猪"，这还是头一回。

11

再叫我一次傻瓜

多这样叫叫我吧，我心想。

你是个傻瓜——希望他像这样叫
上一百遍，一千遍。

再 叫 我 一 次 傻 瓜

　　一临近发奖金的季节，我就坐立不安。拿奖金当然是一件开心的事情。自己拿倒是开心，可是这个时节人人都要拿。

　　入职那会儿，我觉得进银行绝对是一个不错的选择。虽然没有什么确实的证据，但总觉得银行还是很靠得住。

　　我这个"银行绝对是个不错的选择"的想法，在我入职都市银行，在窗口柜台干了三年之后，依然没有改变。

　　一直以来我都按照自己的方式，认认真真地做着工作，觉得自己将来也会继续这样干下去。

　　唯独发奖金的季节，让人辗转反侧。

　　我平日里的工作就是窗口业务，只要按照客人的要求帮助他们办理好业务就行。交税、开新账户、推荐综合账户、盖章、数钱，三点之后就关掉窗口，开始确认今天的出纳金。

我忙碌得完全没有思考其他事情的闲工夫，手和身体不自觉地都在不停工作着。一天的工作从早上九点前开始，一回过神，常常发现不知不觉晚上九点都过了。

这么紧张的工作碰上发奖金的季节时，那令人恐惧的"指标"就会降临。也就是说，我必须收到预定金额的定期存款才行。

入职后第一次听到这个消息时，我大受打击。我原本想着银行肯定不会错，可万万没想到这种活动，连柜台的女孩子们都逃不过。

为了拉存款，我首先拜托了爸爸和哥哥们。然后就是跟我关系好的女朋友们，还有恋人。这之后，我就没招了。

我翻着电话簿，给我的老朋友们一个一个打去电话。"好久没见了，出来见个面吧。"我这样把人家约出来谈论定期储蓄金的事情。有些人会明显地露出反感的神情，也有些人像是我救命的神灵一般，很爽快地就答应帮我存定期。

可这次，我的电话簿已经翻到最后几页了，上面的人所剩无几。

已经没有朋友可以帮我了。

啊，对了，还有一个人除外。

在我狭窄的交际圈中，最后留下的这个人的名字被写在了我电话簿的最后一个。

我按着电话簿上的人名一个个打过去，而唯独跳过了他。

"龙本……君？"

犹豫很久后，我还是给他拨去了电话。这是周一晚上十点，我找准的就是这个上班族一般都已经下班回家了的时间点。

"哦，难道是大久保小姐？"

大久保小姐，他这样叫我。我咬紧嘴唇，他听到我的声音后立刻就认出我，这点我倒很高兴，可是叫我大久保小姐，我是不是又该悲伤呢？

"好久不见了。您还好吗？"

"好啊，好啊。怎么，找我有事吗？好意外啊，吓我一跳。"

他依旧还是那种明快洪亮的声音。我之前准备的台词被我像念书一般地念了出来。

"那个，我有件事情想请你帮忙。如果你方便的话，咱们见个面吧。"

"只见一会儿对吧？"

"嗯，一会儿就好。"

"那行，什么时候？"

我也不知道他平日几点下班，于是就把时间定在了周末的白天里。

约好时间和地点后，我的肩头总算是卸下了一副重担。

我已经好久没在周末的白天有约了。于是，我在手账中那空荡荡的日程栏里，大大地写下了周日约定的时间和地点。

我们约定的见面地点，是一个面朝公园用透明玻璃镶嵌的敞亮咖啡店。我提前三十分钟就赶到了这里，喝着红茶，恍恍惚惚地沐浴在阳光之中。

他准时出现了。明明是周末，他却一身西装革履。

"哎呀，你好你好。"

总会有那么一个人，把你气得直跺脚，把你伤得直哭，
但是，当时过境迁，只要他说句话，
哪怕只是一声"傻瓜"，你就又会笑得最甜。

"啊，你好！"

他跟我面对面坐下来，好像有些不好意思，搔了搔脑袋。

"好久不见了。你还好吗？"

"嗯，很好。龙本君看起来也不错啊。"

"我有过不好的时候吗？大久保小姐你怎么样，每天过得开心吗？"

"嗯，开心。"

我们俩相互问候完，气氛便瞬间陷入沉默。因为是我把别人叫出来的，我得赶紧说点什么，于是就急急忙忙地说："今天不是周末吗，你怎么还穿着西装呢？"

"我正好是周末工作，平日里休息。"

"啊，原来是这样。那你今天还在上班吧？对不起对不起，你该告诉我的嘛。"

"没事儿，没事儿。我做销售的，时间上比较自由。别往心里去。"

他爽朗地笑着说。为这事，我就嘟起了嘴。他从前就是这样，大事情上从来不会跟我商量。

我和他，大学期间一直都是男女朋友。我们分手是在毕业那会儿。我一早拿到了银行内定，他也定下来要在一家电脑软件公司上班。接下来我们就只需要等着毕业了。没有任何问题。

可是最后还有两个月就要大学毕业的时候，我去找他商量我们的毕业旅行，他却这样对我说："啊，我三月份开始要去美国了。我要去那里待一年的时间再回来，不好意思，你找个朋友跟你一起去吧。"

啥，这算什么意思？我急忙问他。去美国这件事，我还是头一次听他说起。

"我没能进入自己理想的公司，虽然拿到了别的工作，但是心里面还是觉得不舒服，很烦恼。幸好我还有一点积蓄，所以就想着干脆去国外看看吧。"他爽朗地笑着说。

他为什么还笑得出来？我完全无法理解。已经交往三年之久，这一刻我却瞬间感觉他简直成了外星人。

抛弃好不容易找到的工作，跑国外去待一年？而且还不是为了留学之类的理由，仅仅是想出去看上一看？这简直也太……而且，这么重大的事情，一句话也没有跟我商量过，一个人就决定了，好像丝毫没有觉得让我一个人孤孤单单地过一年，会有什么内疚和不妥。

我无话可说，只是眼泪哗啦啦地流。从那以后，我再没接过他打来的电话，也没去给他送行。可能是因为这个原因吧，他最终也没有从美国给我寄来过一张明信片。

刚进入社会的我，拼命地适应着新的工作，想起他的时候也越来越少。等我哭干了眼泪，交到了新男友后，一天收到了他寄来的一张明信片。明信片上说他回到日本了，还写着他的新住址和电话号码。我把这张明信片放进了抽屉里的最深处。

"那么，你今天怎么了？难道是偶尔有点儿想我了吗？"

他说得轻松自如。我深深地叹了一口气。

"龙本君，你现在已经开始上班了吗？"

"正如你所见，一个上班族。"

世俗的生活再无力，

我们依旧努力着，

朝更好的方向走去，并且相信前方总会柳暗花明！

亲爱的，别哭 | 150

"发奖金了吗？"

"嗯呀，有一点儿。"

"那你要不要存到银行去？存一点儿就行。"

我觉得，我说得轻松得体，但话到这里又遇到了一阵沉默。他依旧叼着香烟，眼睛眨了一下。

"啊，对啊。大久保小姐好像是在银行工作的。难道说还有业绩指标吗？"

他突然哈哈大笑起来。这个明明迟钝到完全不懂体察别人心情的人，有时候也会说出这样敏锐的话。

这一点既让我喜欢，又让我讨厌。我突然想起两个人交往时快乐的回忆，感觉到心中一阵酸楚。

"可以。看在我们多年感情的份儿上。"

"真的吗？"

"嗯，不过有一个条件。"

他把香烟熄灭在烟灰缸里，从桌子的对面把脸凑过来，然后小声地说："我也有销售指标。"

我惊得身体都在发颤。

"这个月一直都没达标，痛苦得很呢。"

"……龙本君，你现在做什么工作？"

我诚惶诚恐地问。他微笑着说：

"我在做进口车代理商。"

我回到家跟父母一起吃完晚饭，洗了澡，看完电视，回到自己的房间。明天是星期一，又必须六点钟起床。我准备好明天要穿的衣服后，调好了闹钟。

然后，我环视了一圈自己的房间。

床上的羽绒被是从去年帮我达标的朋友那里买来的。梳妆台前的化妆品，也是从帮我达标的朋友那里作为答谢买的。厨房里放置的洗涤剂也是从做人寿保险的朋友那里买来的。空调、百科辞典还有真的珍珠项链这样的东西，我还是贷款买下来的，贷款现在都没有还完。

最要命的当属那件友禅和服[1]，若我说那是从恋人手中买来的，听起来倒是好听。其实，是从一个我以为是恋人的男人手中买的，买了他公司的衣服后，他瞬间就没了踪影。我这才知道，自己总算上了欺诈恋爱的当。如果再过一点儿，我多半要被逼着买奔驰吧？

而且，即便龙本君这次帮了我，等下一次发奖金的时候，也已经没有谁可以帮我了。

当我茫然地站在房间中央时，房间里的分机响了，我急忙赶在妈妈接电话之前拿起了话筒。

果然是他。

"嗨，白天的咖啡，多谢你款待喽。"

"……不客气。"

"要存定期，需不需要印章之类的东西？明天休息，我正好去一趟银行。啊，是傍晚的时候比较好，或者周日比较好？"

---

1 友禅：日本人独有的一种印染技法。

他自始至终都是一副阳光开朗又活力十足的样子。我反倒耷拉着肩膀，有气无力地说：

"我买不起奔驰啊。"

"你的声音怎么听起来这么可怜兮兮的，那当然是开玩笑的啦。"

他又哈哈大笑。

"玩笑？"

"这还用说。你这家伙还真的当真了吗？"

"嗯。"

"傻瓜。你这家伙还真是一点儿都没变。"

"你这家伙"这样的叫法，还是跟以前一样。

多这样叫叫我吧，我心想。

你是个傻瓜——希望他像这样叫上一百遍，一千遍。

12

用余生再梦一回

今晚，我想直接回家，再一次吃妈妈给我做的晚饭，再一次跟爸爸妈妈坐在一起，再一次考虑今后的事情。

用 余 生 再 梦 一 回

无论遇到多么不会游泳的人，我都不觉得惊讶。

游泳俱乐部就是专门教不会游泳的人学会游泳的地方。别说不会浮水，就连水都碰不得的也大有人在。不过，即便是这样的人，只要坚持不懈，假以时日也能学会游泳。虽达不到参加奥运会的水平，但游泳的快乐，却是人人都能通过努力感受得到的。

尽管如此，依然出现了一件令我大吃一惊的事情。

我所负责的是平日白天的初级班。虽然没有性别限制，但会员无一例外都是家庭主妇，班里还从未出现过男会员。

可是，这个人例外。据我猜测，他的年龄在四十五岁左右，身高大约一米六五，体重多半七十公斤。至于他妻子的职业，我无从得知。但我看到他头顶的毛少得可怜，脚和肚子上的毛发却异常旺盛。

还有，他是真的完全不会游泳。

"鸣门先生，身体再放松一些。"

手向前伸双脚交替打水花，这样简单的动作，他也做不好。他老是用力过猛，掌握不好平衡，根本无法直线前行。他双脚交替打出的水花倒是"啪啪啪啪啪"，气势恢宏，可总是甩到别人身上。大家对他都没好脸色。

鸣门——这个名字听起来，分明像个擅长游泳的人。

"别用力。"

他拼命往前游，我大声冲着他耳边喊："放松，放轻松。"

可能是憋不住气了，他从水中猛地一抬头，看起来简直像条大章鱼突然从水里钻出来，着实把我吓了一跳。

下一瞬间，他又站立不稳，失去平衡，一个跟跄栽进水里。我赶忙抓住他的手腕。这个浅水泳池，虽然水深不超过成年人胸腔的位置，但如果事故要发生的话，可不管你是深是浅。突如其来的这一跟头，让我冒了通冷汗。

"鸣门先生。我已经说过多少次了。落脚的时候，一定要先蜷缩起身子，然后将脚落在池底，再慢慢抬起头来。"

头上顶着深红色泳帽，戴着一副泳镜的鸣门先生，似乎也被吓着了，一个劲儿耸着肩，喘着粗气。

"如果你不照我说的做，可是很危险的哟。"

"对，对不起。我刚准备站起来，脚一滑就……"

"对吧？所以我说危险呀。你一定要脚站稳后再抬起头来。明白了吗？"

"……是……是……"

他点点头，露出一副伤心的表情，随后又双脚打着水花朝泳池的另一端游去了。看着他一路打出的那些大朵大朵的水花，我深叹一口气，感到无奈又疲惫。

"咚咚！"我的房门响起温柔的敲门声。

"美咲，吃晚饭了。"

"我不想吃。你们俩自己吃吧。"

我朝着站在走廊里的妈妈回应道，仍旧躺在床上一动不动。片刻的寂静之后，传来了妈妈穿着拖鞋下楼的脚步声。

像这样的交流，已经持续了长达一年多。虽然我每天都说不想吃，但妈妈还是每天一到饭点准时来叫我吃饭。

妈妈爱好料理，她做的晚饭总是分量惊人。如果我都吃下去的话，不知会胖成什么样儿。

不，其实比这更重要的原因是跟爸爸妈妈一起吃饭，我会感到痛苦。因此，在下班回家的路上，我一般就买一份三明治或荞麦面，简简单单地吃饱后才回家。

只不过，大多数时候，一到半夜我的肚子都会饿得咕咕叫，又只好拿出薯条和巧克力来充饥。"这样下去，怎么可能瘦嘛？"连我自己都只好无奈地苦笑。

跟以前比起来，我的体重增加了五公斤。饭量没有变化，而是因为运动量减少了。三年前，我还是一个游泳选手。

从小学开始，我便在游泳俱乐部里学习游泳。并不是因为自己爱好而主动提出了这样的要求，而是被我的爸爸妈妈——昔日的专业游泳选手们所逼。

而我，从来没觉得游泳是一件快乐的事。

我还是小学生的时候，每天就必须游上两到三千米，多少次都累到反胃，还是得继续游。

初中一年级时，我在市级游泳大赛上得了冠军，高中时我还参加过一次全国高中运动会。这些就是我的勋章——也就是说，这些成绩就是我的上限。

父母想将我培养成奥运选手的心愿，我无法帮他们实现。我唯一能保证的是，自己已经尽力了。为了成为爸爸妈妈的骄傲，我无时无刻不在想着如何提高成绩，哪怕只是一秒的成绩。

然而，在十九岁的时候，我终于还是放弃了游泳。因为不管怎样努力，我再也无法刷新自己十七岁时的最高纪录了。

爸爸没有责备我。岂止没有责备，他还投来关爱的目光，温柔地安慰我："你辛苦了。"妈妈也小心翼翼地照顾着我的情绪，告诉我："你可以好好休息了。"

接下来的一年，就像我之前所说的那样，每天无所事事，过得迷迷糊糊。我整日整夜躺在房间里，看电视，吃点心，除此之外的时间都用在了睡懒觉上。

学游泳的时候，我基本上没有机会跟朋友出去玩。所以，我一直以为如果放弃了游泳，我就可以悠闲地跟朋友去看电影，交男朋友，打扮得漂漂亮亮地去约会。可是，现在真的不游泳了，变成自由身以后，我却没了外出见人的想法。也许是因为在游泳上受到的挫折，已经让我羞于见人了吧。

尽管如此，懒洋洋地待了一年后，我还是想到外面透透气。毕竟我才二十岁，人生从现在才开始，也不能老让父母养着。而且，和父母之间的那种别扭的气氛已经快让我窒息。

想到这里我便立刻买来了招聘杂志。但想来想去，我能够做的事情几乎为零。硬要说我比别人稍微在行的事，那就只剩下游泳。

"自由泳的换气要像这样，把耳朵贴在肩膀处，脸朝斜后方仰。然后'啪'地吸一口气。"

初级班的年轻女士们和青春已过的女士们，全部在水里站成一排，抬起手臂练习换气。最边上的鸣门先生也跟着大家，按自由泳的姿势做手臂练习。

"那，我们再来一次吧。那个，鸣门先生，请把这个戴上。"

我把辅助的浮漂递给鸣门。

"请把它套在背上。对，绳子绑在肚子上。这样游起来能轻松些。"

"怎么感觉就我一个人这么丢人。"

他满脸羞涩。其实，他还没到练习呼气的水平，但一起上课的其他会员已经都游得不错了，我又不能单独因为这个大叔放慢了课程进度。

"好，那现在我们从头再来一遍。"

我站在泳池的中央，大家按顺序向我游来。看着大家拼命努力的样子，不知道为什么，我的心中涌起的不是感动，而常常是疑惑——大家这般努力到底是为了什么。

　　游泳教练这个工作，我已经做了整整两年。我只教初级班，工作时间一周四天。当然，仅靠这丁点儿跟在家庭餐馆打工差不多的收入，是无法让我独立生活的。我也没有照顾幼儿和孕妇的资格证，因此也不能教幼儿和孕妇课程。最近正在流行的有氧课程我也没有经验，自然也教不了。

　　跟我同期进公司的姐姐，已经不知道什么时候拿到了一级指导员的资格证，另外有氧课程，她也在别的游泳俱乐部学成归来，开始在公司教课。上次在更衣室碰到她时，竟然发现她在为了拿到室内技师资格而努力。她说有了这个资格证，以后在室内恒温泳池教课时会比较有利。

　　刚勉强能游二十五米的主妇们拼命地向我游来，落在最后的鸣门先生在半途就停住了，他一直低着头。好像是气没换好，呛着水了。

　　我从小就在游泳俱乐部里长大，总觉得不会游泳的男人或者运动神经不发达的男人肯定是哪里少了一根筋。虽然自己也明白，这完全是个人偏见，可总有这样的感觉。

　　我身边的男人们，无论是教练还是朋友，个个都是经游泳塑造后的身材。所以，像这样全身脂肪的中年男人的身体，我还是头一次近距离看到。总感觉有种生理上的厌恶感。当然，我不会把这种情绪写在脸上。

鸣门夸张地打着水花向我游来。长满汗毛的双手双脚漫天扑腾。

我心里说不出有多着急。尽管努力压抑着自己的情绪，可还是感觉有股怒气眼看着就要爆发。

为什么偏偏这把年纪才开始学游泳？为什么非要把这么丢脸的样子暴露在别人面前？我不想看！别让我看！

无意识间，我摸了摸自己浸在水中的腰。今早刚来月经，浑身没劲儿，我用了卫生巾，服了止痛药，身体的状态还是不见好转，真想早点上岸。我不禁抬头向墙上的时钟望去，还有多久结束啊……

正在这时，鸣门先生刚好游到我面前，他的手竟一不小心碰到了我的胸。

"啊！！！"我条件反射，大声叫了出来，一把挥开他的手。

连我自己都被自己的尖叫声给吓着了。

"对不起，对不起，我不是故意的。"鸣门先生也大吃一惊，满脸的水都没来得及擦，就慌慌张张地开始向我鞠躬道歉。

其实并不是个大事儿，他却显得十分沮丧。

不用说也知道，他一门心思在游泳，当然不可能故意想来摸我胸。不对的是我，不该为这么件小事就一惊一乍。

因此，我反过来，拼命给这位恭恭敬敬的鸣门先生道歉。看着游泳池里我们俩相互鞠躬哈腰的样子，旁边的主妇们都笑弯了腰。但也听到不知是谁在悄悄地低声呢喃道："用得着叫成那样吗，这未免也太大惊小怪了吧。"

　　我回到更衣间，换好衣服后，带着些许沉重的心情离开了游泳俱乐部。不知道为什么，我感到异常疲惫。

　　我好像从很早以前就开始感觉疲惫。这疲惫感久久挥之不去。

　　才二十二岁啊，我这到底是怎么了？

　　一个人静静地走在路上，突然听到有人在喊我："教练！"我抬头一看，鸣门先生从眼前的木屋里走出来。"刚才真是失礼了。"他一脸羞涩地说。我急忙摇头。

　　"没，没有，鸣门先生没有错。都是我不好，不该叫得那么夸张。"

　　"唉，但都是因为我……"

　　好像找不到合适的词来收尾，他伸手挠了挠脑袋。我还是第一次看到穿着西服的鸣门先生，极其普通的纽扣衬衫和西裤，看起来干练整洁，比他裸露着身体的时候看起来年轻多了。

　　似乎正想说什么，却又突然打住了，他自言自语两句后又接着说："那下周继续拜托教练了。"说完，很有礼貌地点点头，正准备离开。

　　"喂！鸣门先生。"

　　这次是我叫住了他。他转过头，脸上带着疑惑。

　　"怎么了？"

　　我随即深吸一口气，问道："你，你是怎么想起来学游泳的呢？"

　　他听后，露出一脸笑容。

　　"是啊，我这样一个大叔跑到全是女性的辅导班来学游泳，的确看起来挺别扭的。""别扭？没那回事儿……"他话音刚一停，我插嘴道，但又想不出该再说些什么。

"我其实也觉得丢脸。可是，我都这把年纪了，还不会游泳的话，觉得更丢脸。"

他的眼角往上一翘，露出满脸亲切友好的微笑。

"听起来可能像炫耀，不过，我真的是出生在大户人家。成绩一直很好，但运动非常糟糕。"

"这样啊……"

"嗯，是的。所以学生时代，只要一有游泳和马拉松的课，我就让我那当医生的老爸写一张病假单交上去。即便是这样老师们都给我五分。对于这一点，虽然当时我还是小孩子，都感到挺不好意思的呢。"

他又挠挠头。

"唉，我小时候也没办法反抗大人的意愿。不过，我现在已经长大成人了。继承了父业，当了医生。拼死拼活地工作到现在，最近总算有了空闲，平日里开始有了休息时间。所以，我想再挑战一次游泳。"

我抬起头看着他的脸。他看起来是多么开心啊！

"虽然已经四十五岁了，但是我还有一个梦想，那就是——去海边游泳。你说……现在开始还来得及吗？"

"当然……"我缓慢地点点头。

"真的吗？那太好了！"

"我也有点儿想游泳了。"

鸣门先生一脸不解："教练，你不是已经游得很好了吗？"

"不，我也只是会游而已……"

"怎么回事，我开始听不懂现在年轻人说的话了。"

我跟鸣门先生相视一笑，随后挥手作别。

今晚，我想直接回家，再一次吃妈妈给我做的晚饭，再一次跟爸爸妈妈坐在一起，再一次考虑今后的事情。

我终于，松了一口气……

13

亲爱的，别哭

真正坚强的人，不是我，而是
她。想学习如何才能变得坚强的人
该是我。

亲 爱 的， 别 哭

"什么呀，昨天那家奇怪的店！"

清晨，我按时出勤来到公司，刚推开社长办公室的门，正准备说"早上好"，"早"字刚脱口而出的瞬间，就听见了这一声怒吼。

"嗯？"

"嗯什么嗯？那种法国餐馆，挂一个粉红色的帘子摇摇晃晃的，一看就是没钱又没男人的笨 OL 们抱在一起互相舔舐伤口的店儿，还贵得出奇，谁叫你订的？"

"啪！啪！啪！"女社长用力地拍着桌子，狠狠地盯着我。我犹豫了不到五秒后，低下了头。

我作为社长秘书进入这家公司刚好十天，顶嘴还有些为时过早。既然社长在生气，那我觉得还是紧低下头道歉为好。

"非常抱歉。"

"啊，'非常抱歉'。说句抱歉有什么用？总之，先帮我泡杯红茶来。"

"是。"

我又鞠一躬，随即离开了社长办公室。我们公司坐落在城市中心一间 3LDK[1] 的公寓里。社长办公室是其中最宽敞明亮的房间。

我走到厨房，用自来水冲洗自己的双手，手一点儿也不脏，纯粹只是为了压制住那已经涌上我脑门的怒气。

尽管如此，心中依旧迟迟无法平复。

昨天傍晚，有人给社长打来电话。我把电话内容记在便条上递给正在跟客户会谈的社长。她的眼睛瞬间亮了，立刻从座位上站了起来，走进社长办公室里。悄悄地打完电话后，她对我说："八点钟帮我随便在什么地方订一家餐厅，我要跟朋友吃饭。"说完，又急急忙忙地赶去跟客户谈判。

打来电话的是一名男性，而且看社长的那副模样，我想这多半是约会，于是就订了我所知道的餐厅中最高级的一家餐厅。

而结果呢，居然是这样。真是的，真让人头大。

我正在用热水壶里的水冲泡红茶时，公司里的另一名员工——茗子在我的肩膀上拍了一下。

"啊，早上好！"

1　"LDK"是指客厅、餐厅和厨房所构成的一体空间。餐厅和厨房为一体的被称作"DK"。有三间居室并加上"LDK"的房屋户型就被称作"3LDK"。

"早上好！我在门外都听到了哟，社长的那些话。"

这个肯定比我小了五岁多的女孩子露出满脸的笑容说道。

"你可别往心里去哟。社长刀子嘴豆腐心，没有恶意的。"

"……如果为那点儿事她就生出恶意来，那我肯定立马辞职不干了。"

"哎呀，别这么说嘛。社长在面试西胁小姐您的时候可是非常中意，她当场就做出决定说'这个人我们要定了'。因为她很喜欢你嘛，所以才有什么都直言不讳地说出来，肯定是这样的。"

被比自己年纪小的女孩子这么安慰，我只好无奈地回报以微笑。

真的是这样吗？我真的被社长所赏识吗？怎么我觉得反倒是被她欺负着呢？

我把红茶端进社长办公室时，她正坐在书桌前浏览文件。我把红茶搁在桌上，鞠完躬之后正准备出门。"等一下。"她突然把我叫住了，但视线还是停留在文件上。

叫住了我，可她却半天不发话。我也不能去别的地方，只好呆呆地站在那里。

这是一家做个人代购的公司。据说三年前由社长一个人建立起来，一年后社长感觉一个人忙不过来，于是招了茗子来当助手。

作为秘书的我，是不久前被招聘进来的。我的工作不需要接触任何公司的业务，只需要把社长周围的所有杂务做好就行。

在招聘杂志上看到这个职位时，我想我绝对应聘不上吧。个人代购之类的行业，没有最基本的英语能力是不行的，而我的英语，不是我故作谦虚，从初中英语考试后就再也没有长进过。

而且这份工作的薪水非常不错，每周也有足足的两天休息日。虽然有点吃不到葡萄说葡萄酸的嫌疑，但我还是要说，当今这个世道，即便是大公司，也不知道什么时候就会突然倒闭；个人也是，说不好什么时候就没了饭碗。

　　在面试的会场上，我随便一数就来了至少五十个女性。这样一来，怎么想也不可能聘用像我这样毫无亮点的人。

　　面试时，最让我吃惊的是那个介绍自己是太田信子的人，居然是一个跟我差不多年纪的女性。

　　跟随便在路边摊上买一件两万八千日元的衬衫穿着的我完全不同，她穿着一件剪裁得体的香奈儿衬衫。

　　化了很浓的妆，涂着有些挑逗意味的大红口红，指甲也是同样的颜色。头发是华丽丽的卷发，刘海儿也弄得卷卷的。乍一看上去，人们很容易错把她当成是高级俱乐部的陪酒女郎呢。

　　面试短短五分钟就结束了。他们只是照本宣科地问了几个问题，我也只是照本宣科地一一作答而已。这番平淡的接触后，我彻底放弃了被录用的希望。

　　然而第二天，录用通知书却以加急快件的形式寄到了我手中。我从没遇到过这么令人惊讶的事情。看上去年纪轻轻（说是年轻，但肯定都三十好几了吧）的女社长为什么会选我这样奔三的平凡女人？

　　"这茶太温了。"

　　女社长突然发话了。

　　"你又用茶壶里的水泡茶了吧？红茶啊，需要用沸腾的水先把杯子温热之后再泡。你父母是怎么教你的？真是不修边幅。"

我一言不发，直勾勾地盯着自己的指尖。

"还有，这个是什么？"

社长把手上的文件纸往桌上一扔。原来那是我昨天拼命输入电脑中的英文信件原稿。

"光拼写错误就有五个，排版也是乱七八糟，而且，你花了多少时间？整整一天对吧？你以前从来没有用过计算机吗？这种东西一个小时'啪啪啪啪'几下就能搞定。"

我用力掐着指尖，强忍着怒气。"讨厌死了，你这个化妆化得人不像人鬼不像鬼的怪物"我真想立刻就这样怒吼着冲出公司。

可是，如果辞掉了这里的工作，我便无路可走。我工作了六年的那家公司，因为糟透了的职场关系和跟上司的婚外情而把自己弄得乱七八糟，不得不在半年前辞了职。我一边领着失业保险，一边应聘了不下两位数的公司，得到的不聘用通知书也当然没下两位数。被这个女社长经营的公司所收留，对我来说简直像做梦一样。

然而我没料到的是，这位女社长是一只母老虎。

从第一天开始就对我接电话的口吻，日程表的写法，甚至包括从化妆的方式到姿势的正误，她都要一一挑刺。

"在之前的公司你是做什么工作来着？"

"……总务。"

"是吗？既然是总务怎么什么都不会做？"

既然要这样百般刁难，那干吗不从一开始就录用一个打英语打得飞快，电话应对得体，形体姿态优美，泡红茶泡得好的人才呢？

为什么录用我这样的人呢？

我感觉自己顷刻之间就要爆发了，想扑上去伸出双手抓花她那张化得漂漂亮亮的脸蛋。一开始我就讨厌她那张"脸"。说是美女或许也算得上，可是那张脸总让人觉得哪里不舒服，感觉似曾相识。

我刚想到这里，桌上的电话突然响了。

她示意让我去接，没办法我只好拿起社长办公桌上的电话。

报上公司名称后，从话筒的另一头传来了这样的声音。

"百忙之中打扰您真的不好意思。我们家的信子一直承蒙您关照。我是信子的母亲，请问那孩子现在在公司吗？"

虽然对方说的是普通话，但依然多少带着一些地方口音。一种亲切感迅速涌上心头，我吸了一口气，老家孩提岁月中的影像开始在脑海中翻滚。

就在这一瞬间，身体仿佛霎时被电击了一下。我立刻转过头去看社长。

她那厚厚的浓妆艳抹的面孔与她小时候的面容重合起来。

"啊，野猪！"

我指着社长，不由得叫出来。

突然听到有人叫出自己小时候的绰号，社长皱起了眉头。随后，她又低声地说：

"你现在才发现啊？"

社长与我，是小学的同班同学。

如果我不是因为进了这家公司，恐怕一辈子都想不起她来。

现在想起来了。一旦想起后，回忆就像被绳子捆住的山芋一样，一溜溜地全部滚了出来。

从前的她是一个胖得圆滚滚的小孩，性格胆小又自卑，因此她被大家称作"野猪"。我还记得是我给她取的这个绰号。

现在想起，我感觉似乎那时候才是我的人生顶峰。

从六岁到九岁这段时间是我的人生顶峰，虽然自己不想承认，但那个时候没有任何东西能够让我感到害怕。

我比任何人成绩都好，比任何人力气都大。轻轻松松就能把男孩子们给弄哭，而且还特别擅长在老师的面前装好学生。

所以当我看到"野猪"时，心里就觉得毛躁得不得了。

无论什么时候她都小心翼翼地观察着别人的脸色，跳马、扔铅球等体育运动一样都不会。在整个班级里，九九乘法表到最后都记不住的是"野猪"，上课的时候不敢跟老师请假去上厕所而尿裤子的也是"野猪"。

我把这样的野猪当作"自己的孩子"一样，总是拽着她跟我一起走。只要没人看见，我就用手捏她那胖嘟嘟的脸蛋；大家在玩球的时候，我就故意把球往她屁股上踢，然后大声嘲笑她。

四年级的第三个学期，她转校了。不过我已经不记得当时她离开后自己的心情是高兴还是悲伤。

野猪从我身边消失后，没过多久，我的人生顶峰就走到了尽头。那么自信满满的我，升入初中后就变成了学习和体育都很平庸的普通孩子。

一边对着打字机修改刚才那篇英文信件，我一边回忆着这些往事。

那么，野猪在面试的时候，肯定认出了我是那个曾经欺负她的孩子王。明明知道了却还雇用我，这到底是怎么回事？

没有什么怎么回事，我想多了，总之她不可能是出于好心。她肯定在盘算着怎样才能痛痛快快地报仇雪恨。

我要提交辞呈。

我停下打字的手，心里这样想："总之，趁着还没有遭到更坏的报复之前，我得赶紧辞职。啊，可是，随后又得购买大量的招聘杂志了。"

这时，桌子上的电话响了。我缓缓地拿起电话。

"请问太田小姐在吗？在下名叫横沟。"

电话的那头传来这样的声音。这个声音好像昨天也听到过。啊，对了，是跟她一起去法国餐厅吃饭的那个男人。

于是我把电话转给了一直待在社长办公室里的她。然后，不到五分钟的时间，社长办公室的门就被气势汹汹地打开了。

"把车开出来！"

野猪，不，社长这样命令我。我是想着要提交辞呈，但还没交上去之前，我就还是她的秘书。我从抽屉里取出车钥匙，心不甘情不愿地站起身来。

我从停车场把一辆深蓝色的捷豹车开了出来。

我是秘书兼司机。捷豹这样的车我当然是头一回开，最初很紧张，但一旦启动之后就发现，这车的确比我家老爸的那辆车，开起来安稳多了。身边行驶的车辆们也有意无意地让着我们的车，这种感觉十分爽快。

社长坐在后排的座位上，低着头双手环抱在胸前。

"您要去哪里？"

我一副司机的模样，向她问道。社长小声地说："饭仓。"

临近黄昏的街道上，处处都是车流。信号灯马上要变了，我放慢了车速。不知道是不是因为发生了交通事故，六本木的马路上大大小小的车辆堵成了一条长龙。

"到底是怎么回事？怎么会这么堵？"

背后传来社长的抱怨声。我故意没有应答。堵车这种事又不能怪我。这时，手机又来电了，社长拿起电话，说道："是我。嗯，不好意思。不知道为什么，现在路上堵得很严重……我觉得再有十五分钟肯定能到……嗯，别这样……总之，我肯定会去的，请等一等。"这甜甜的声音简直不像她本人。我从司机座的后视镜里偷偷瞥了一眼她的脸。

小时候那张胖得像肉包子一样的脸，现在居然可以被归到太瘦的范畴了。但鼻子稍微往上翘的样子还是残留着往昔的模样。

什么都不会，又愚笨，总是被人嘲笑，总是小心翼翼的野猪，长大成人后居然自己开了公司，谁能够想到啊？

据说，她不但会英语，还会简单的法语和意大利语。除了租来用做事务所的那栋房子以外，还在那附近有自己的住宅。

除了有钱，她还是一个美女。不，并不是脸蛋生得漂亮，而是自信让她神采奕奕。

跟她比起来，我呢？

好不容易勉勉强强能交得起一间破房屋的租金，头发也不打理

我不漂亮，不光是因为没有钱，
而是与她拥有一颗名为"自信"的钻石相反，
我在心中却潜藏着深深的自卑。

总是披散着，只是偶尔会把发梢稍微修剪整齐。化妆品和鞋子等全部都是从超市里买的那种便宜货。

我不漂亮，不光是因为没有钱，而是与她拥有一颗名为"自信"的钻石相反，我在心中潜藏着深深的自卑。

"啊，在下一个十字路口左拐。"

我按照她的指示，向小胡同里开去。

蝶变后美丽夺目的野猪脸上泛起了玫瑰般的红色。再过一会儿，她就能敲响恋人房间的大门了。

"你为什么雇用我？"

自己都还没意识过来，就不自觉地抛出了这个问题。后视镜里的她露出浅浅的笑容。

"你该用敬语对我说话。"

"那社长，请问您是出于什么原因雇用我的呢？"

一边开着车在羊肠小道上徐徐前行，我一边这样问道。

"就是那个莲花色的公寓。从地下停车场进去。"

她没回答我的问题，直接让我开车进了停车场。我把车停到客用的车位上后，她一言不发地打开车门，从车上走下来。

我摇下车窗，见她冲我微微一笑说：

"我一个小时左右回来，你在这儿等我一下。"

我只好点点头。因为我还没有提交辞呈。

我怀疑她是不是真的能一个小时回来。于是，我到公寓前的便利店买来了杂志和饮料。

我正在车里喝着饮料，看着杂志，可还没读到一半，就听见车窗上响起"咚咚咚"的声音，我抬起头，只见社长站在门外。我赶紧把车门解锁，让她进来。

她钻到后面的座位上，一言不发地环抱着手臂，闭着眼睛。

"回公司吗？"

我回过头问，她身体却一动不动，只是把头微微地点了点。我启动引擎，踩了油门。

等我们从半地下的停车场出来后，夕阳已经染红了四周的风景。

"哇，真美。"

我不禁感叹道。到东京以后，好像还是头一回看到这么美丽的夕阳。

在红绿灯处，我停下车，然后不经意地看了一眼后视镜。

她面朝窗外，也看着夕阳。那双眼睛已经变成了跟夕阳一样的红色。

我心中一颤，猛然想起今天早上的事情。

她朝我发火，问我为什么订了那样的餐厅。可餐厅本身肯定是一家不错的餐厅。那么，也就是说，她是在那家餐厅里发生了什么不愉快的事情，而且这件事说不定就是她和刚才会面的那个男人发生了争吵的原因。所以她才会像早上那样，把气发泄在我的身上。

我默默地继续开着车往前走。她也一声不吭地紧闭着眼睛。之所以闭着眼睛，是因为她讨厌被我看到她红红的眼睛吧？

"从前，我一直很羡慕你。"

忽然，她开了口。

也许，那时的我，

是希望你教教我，教我如何才能变得坚强。

"……嗯？"

"你总是大家的中心，直来直去，想说什么就说什么，充满自信。小时候，我一直在想，什么时候我也要变得像你一样。"

我没有看后视镜，感觉这个时候绝不能去瞧她的模样。

"后来，你居然来我们公司应聘，完全变成了一个憔悴不堪的成年人。"

她微微地用鼻子吸一口气。

"我也不知道自己为什么聘用你。当然，欺负你的想法是有的，可也不单是为了这个理由。"

快接近公司了，我打开了转向灯。

"也许，那时的我，是希望你教教我，教我如何才能变得坚强。"

我把车开进了公司大楼的停车场，然后赶在她自己开门之前，迅速推开门下了车。

我拉开了社长的车门，她有些诧异地看了我一眼后，抬出她那又美又长的腿，从车上走了下来。

把额前的头发往后一梳，大步朝着电梯走去的她，眼中已经没有了泪水。

是啊，我想起来了，小时候，她无论怎样被欺负，也绝对没有流过眼泪。

真正坚强的人，不是我，而是她。想学习如何才能变得坚强的人该是我。

辞职，什么时候都能辞。

我要成为她的秘书，一名优秀的秘书。我在心底默默地想。

14

我想继续待在这里

喜欢和暗恋都是一种感觉,任时光匆匆流走,我唯愿这种感觉常伴身边。

我 想 继 续 待 在 这 里

"'养护教员'的工作就是负责养护儿童。"

我在学校是这样学的。

那么，所谓的"养护"是什么呢？字典上是这样写的：在提供特别保护的基础上进行养育。

看了这解释，我更搞不清楚什么是"养护教员"了。

而我现在清楚的是，我眼前的这名"儿童"点燃了香烟。

"喂，亲爱的老师。你说，为什么女人喜欢抽薄荷醇的烟呢？"

他说话拖着长长的尾音，手指间还夹着 Virginia Slims（维珍妮牌女士香烟）。

我没有回答他，只顾着整理桌子上的视力检查资料。

"真不好抽，这个给你吧。"

他把已经抽了一口的烟递到我的嘴前面。

我立刻就用嘴叼住烟。

"老师，我有个问题。"

"我现在正在工作。"

我叼着烟说道。

"解答学生的问题不是老师的工作吗？"

"因为我是养护教员，所以没有义务受理学生的问题。"

"那什么才受理呢？"

他在桌子旁边的铁椅上吊儿郎当地坐下来，冲着我歪嘴坏笑。

"……比如说闲聊呀。"

"那么，我们就闲聊嘛。老师你说，女人为什么一边说着'讨厌，讨厌，住手'，一边又张开双腿？"我把手中的自动铅笔扔到桌上，把烟从嘴里拿开，朝健司的方向吹了一口气。

"有人跟你说了'讨厌，住手'吗？"

"不。人家跟我说'不是那儿哦'。"

我重新拿起自动铅笔。下流的玩笑也说够了，他打了一个大大的哈欠，然后从校服的裤子口袋中取出一跟 Caster Mild（卡斯特清淡味香烟），用打火机点燃了。

我一边伸手去拿放在桌子上的烟灰缸，一边瞥了一眼他的脸。

剪短头发当然是不违反校规的。但是用发胶弄得直冲冲的刘海儿和左边耳朵上打的耳钉，这些就足够招致中学指导老师的反感了吧？

现在是上课时间，保健室里只听得到火炉上冒出的蒸汽声。窗外下着冷飕飕的雨，校园里没有了人影。

我正偷偷地端详着健司那张稚气未脱的脸，以及他那完全已经像大人一般的下巴，还有他脖子上的青筋。突然，那双单眼皮的眼睛就朝我这边看了过来。

"老师，你的第一次是什么时候呀？"

对于他说这样的话，我早已经习惯了——我嘱咐自己这样想。但我的心脏却还是无法冷静，剧烈地跳动起来。

我刚想要说什么，深吸了一口气，这时，保健室的门就突然被人推开了，连门都不敲一声。

我和健司同时把烟草掐在烟灰缸里。

"什么呀，两个人慌慌张张的。"

穿着外套系着长围巾的姑娘，话语中带着酸唧唧的醋味儿。

"你们没做什么坏事吧？"

"美衣子呀，好不容易让老师答应我了。你不要来打搅嘛。"

她捋着茶色的长头发，瞟了一眼我的脸。

"这里床也有，你两人随意。"

她把手中扁平的书包扔在床上，脱下外套，取下围巾。头发上沾着的雨滴闪闪发光。都已经上第三节课了，她才像现在这样姗姗来迟。

美衣子拿起放在我的桌子上的 Virginia Slims 香烟盒说："啊，这个，这不是我的吗？我说怎么从昨天就不见了呢。为什么在老师你这里？"

"健司拿来的。"

"你这家伙，健司。男人吸薄荷的烟会阳痿的哟。"

"女人，不要这么大声说阳痿什么的。"

我默默地继续整理资料。两个"不良儿童"各自点燃各自的香烟。

"……好无聊啊。"

健司自言自语地嘟囔着。美衣子只是点点头。她坐在火炉前，白皙的脸颊泛起了红晕。

两个人，都看起来漂亮得让人着迷。

我之所以想成为养护教员，是因为我小学的时候，曾经不想上学，一想到要进教室就觉得害怕，于是就往保健室跑，从保健室的老师那儿得到了温柔的关爱，所以我希望自己也成为养护教员，来报答曾接受过的恩情。

这当然是谎话。

我上中学那会儿，父母离婚了，我由此加入了不良群体。把保健室作为聚集场所，在那儿逗留的时候，保健室的老师完全没有嫌弃我。我找保健室老师商量，男友不让我采取避孕措施时，老师一言不发地给了我一盒避孕套。没想到老师竟然是那么明白事理的人，我感激万分。

当然，这也是谎言。

其实，坦白地说，我是因为讨厌成为 OL 后就得不到长时间的休息时间，才想成为学校老师的。但因为没能力进入四年制的大学，所以我就想那干脆试试当保健室的老师吧，于是就往能够取得这资格证书的短期大学努力。刚巧，我的叔叔在这所私立高中担任文员，又恰逢有空位，因此我就被雇用到这里当了养护教员。不好意思，我的人生这么随便又无趣，没之前说的那两种情况好玩。

现在已是成为保健室老师之后的第三年。

刚开始的时候，各种麻烦接踵而至，让我伤透了脑筋。看见受了伤的学生流出的大量的血，我就出现晕血反应，头晕目眩。也有过不考虑清楚就让药物过敏的孩子吃止痛药，使孩子出现麻疹，被孩子的家长和校长严厉地斥责。

而且，即便是三年后的现在，学校方面依然对我没有任何好印象。不过，这是理所当然的，你看我就这样纵容学生在保健室抽烟，我不但不提醒他们，还自己也拿一支抽起来。

不久，再过不久就会被辞退吧。

我想，我不会伤心，也不会觉得后悔的。

几天前，我听到副校长在和谁谈话时提议："明年，咱们招聘一个新的养护教员吧？"

不过，算了吧。反正我也无所谓。

话虽如此，这个春天，健司就毕业了。

我已经二十四岁了，而健司才十八岁。六岁的年龄差，仔细想想也许并不是什么大不了的事。只不过"不是什么大不了的事"是我单方面的想法，在他眼里，像我这类人，肯定不过是一个保健室的"老太婆"而已。

我喜欢健司。

他从高一开始，就一直是保健室里的常客。我对他最初的印象，是身高还跟我基本相当，一副稚气未脱的脸颊，却有着一双成年人般的疲惫眼睛。我不由得从心底同情这孩子。

他外表不错。但是，据说对女生没有跟同性接触时那么友好（这类的事是美衣子告诉我的），因此好像只有极少一部分女生喜欢他。我的这种爱慕之情，最初也完全成了像杰尼斯事务所[1]男偶像们的粉丝那样。即使心里悄悄地觉得"不错呀，我喜欢呢"，但当意识到自己的年龄后，就只是那样默默地想想而已。

但是，随着毕业典礼的临近，我的心紧张起来了。因为毕业典礼结束后，就再也见不到他了。即便现在天天都能像这样见面，可从某天起就会完全见不到了。这样一想，我的眼泪就好像要流出来。啊，若是那样的话，我跟女高中生有什么区别。

而且，毫无疑问，跟我一样怀揣着心痛感觉的还有那个茶色头发的女孩。她假装什么也没看见的样子，实际上却偷偷地窥探着健司的侧脸。

美衣子也是保健室的常客。

健司不在的时候，一定是连我的脸都不正眼看一下，就直奔保健室里的床铺去躺下休息。但只要健司在我的面前一坐下，美衣子就会跟他一起在旁边就座。

偶尔，美衣子心血来潮时，也会单独跟我聊起来。

她绝对不从嘴里说出她喜欢健司的事，也不会让别人看出她有这样的心思。但她的话题却有意无意中，总是关于健司的事。

---

1 杰尼斯（Johnnys）事务所于1975年成立，是日本一家著名艺人经纪公司。社长是Johnny喜多川（真名喜多川扩）。事务所多年来以男艺人及男性偶像团体为主。现今旗下当红艺人有SMAP、岚、KAT-TUN、山下智久、生田斗真等。

即便现在天天都能像这样见面，

可从某天起就会完全见不到了。

这样一想，我的眼泪就好像要流出来。

比如会说，那个家伙最近在涉谷的俱乐部打工；说他仅数学取得了满分，其他科目都不及格，等等。

我一直非常嫉妒美衣子的青春气息。她比我跟健司要般配几十倍。而且，如果她向健司告白，即使被拒，也能马上抚平伤痛吧。而且他们也能立刻做回朋友。她那样的青春朝气真令我羡慕。而我，连"告白"这么简单的事情，都办不到。

不过，事实上我和美衣子都察觉到了，健司的视线到底在追随着谁。

"老师，我想喝咖啡呀。"

他将手伸到火炉上烤火，微笑着说。

"啊，我也是。"

美衣子也懒洋洋举起手来。他们居然这样使唤老师，我本来应该表示生气才对，可正好我自己也想喝咖啡了。

于是，我二话不说站起身来，从柜子里取出咖啡机。就在这时，原本关闭着的白色床帘被唰的一声拉开了。

我们仨齐刷刷地把脸朝向那边看去。

"老师，请您给我也来一杯好吗？"

这个带着一脸睡意，但却不忘使用正确敬语的女孩，从床上坐起来说道。

"什么嘛，水桥。你又来了呀。"

美衣子的话里带着有点不高兴的语气。被她称作水桥的这个女孩，用手整理着头发，默不作声地微笑着。

"你不是马上就要参加考试了吗？还这样老是睡觉的话，还不如不来学校，直接在家学习不就好了吗？"

美衣子用生气的口吻说。

"不过，我也有一些想上的课。"

水桥草苗重新戴上之前摘下的眼镜，坐到我刚才坐过的椅子上，对正在打开咖啡豆罐子的我说："老师，对不起。"边说边礼貌地低下头敬礼。

这个女孩无论跟在外面做 DJ 打零工的健司比，还是跟染了头发的美衣子比，她都是更严重的头号问题学生。

对于自己讨厌的老师的课，她就完全不当回事，还联合同学一起抗议，但是成绩却总是年级第一，她就毫无罪恶感地把保健室当作卧室来睡觉，而且还莞尔一笑，发出令人恐惧的警告："谁都不许打扰我。"不用说，她也没有真正亲密的朋友。

健司从刚才开始一直保持着沉默，把打火机弄得咔嚓咔嚓地响，身体不住地在位子上摇晃。

健司喜欢的人是她。

这个戴着眼镜的问题美少女。

只要她一来保健室，健司肯定会在这里露面。然后，美衣子就会追在健司后面跟来。

"可以给我一支吗？"

水桥草苗用她那一如既往的天使般的微笑对健司说。健司慌慌张张地取出放在口袋里的香烟递给她。

我和美衣子悄悄地对视了一下。美衣子没出声，仅仅用嘴型说了句"FUCK"。我深深地叹了口气。

咖啡机响起磨咖啡的声音，香喷喷的气味开始弥漫在上课期间的保健室。雨没有要停的迹象。

我们一声不吭地抽着烟。

到毕业典礼还有点时间。

春天到来后，又会有新的"不良儿童"出现在这里吧。

从现在开始，我也要每年重复这种体验了吗？

那样也好。我想待在这里。

我要去试着拜托校长，请他让我继续待在这里。我一边看着他们吐出来的烟，一边思索着。

15

为什么女人
非得变漂亮不可

为什么女人就非要变得漂亮不
可？变得漂亮，到底指的是什么？

为 什 么 女 人
非 得 变 漂 亮 不 可

"猪俣小姐，可以进来吗？"

"可以。"我刚一敲用壁板隔开的小房间门，里面就传来了回应，声音小到几乎听不见。

我把病历夹在腋下，为了打起精神，用双手轻轻拍了拍脸。

"您好，今天有些热呢。"

我推开门，笑容满面地跟她问好。猪俣小姐脱了上半身的衣服，穿着吊带裙坐在床上，笑也没笑一下，只是微微地点了点头。

"今天开始天气有点儿转凉了，您还好吧？"

"还好。"

"那好，今天我们是要处理左边吧？"

她一声不吭。我心里有点儿打鼓。

"好，那么请您躺好。我们坚持一小时。"

猪俣里美慢悠悠地躺下来，抬起左臂，闭上眼睛，露出了长满黑色毛发的腋窝。我坐到椅子上，开始做准备工作。

"如果痛的话，就请跟我说一声。"她一动不动，连头都不点一下。我小心翼翼地将永久脱毛用的针头深深地插进她的毛孔里。美容院里的永久脱毛采取的是给针头注入电流，从而彻底将毛根烧尽的方法。

她把头转向一旁，我看到她紧闭的双眼轻微颤抖了一下，看来应该是有点疼。

"您暑假有什么安排吗？"

我问道，尽可能表现得轻松自在。

"……没什么安排。"

"您是做与计算机相关的工作吧？可以有一周左右的假期，是吗？"

"……是的。"

"去旅行不行吗？啊，或者，可以回老家？我记得猪俣小姐的老家好像是在福冈，对吧？"

"……是福岛。"

"哦，是这样啊，不好意思。偶尔也可以回去看看呀？"

"……正月里回去……必须回去。"

"这也是，年轻的时候嘛，该玩时也是忙忙碌碌的。"

她已经顾不上回答我了，看来正在拼命忍受腋下脱毛的痛苦。我也不再多说什么，埋头专心致志地为她脱毛。

永久脱毛是一件很痛苦的事。我的双臂、手脚以及比基尼线的地方都脱过毛，所以我非常了解那种痛。并且如果说这是"人人都不可避免的疼痛"倒还好，但是呢，有的人会痛得生不如死，而有的人可以一边接受脱毛一边睡觉，完全感觉不到疼痛。当然了，我就是属于那种痛得要死的类型。

因此，对她所经受着的疼痛，我深有体会。就像生理期时的痛，即使痛得死去活来，也只能自己咬紧牙关，默默忍受。因为美容院不是医院，不能打麻醉药。

有一个方法就是，通过聊天等方式来分散注意力。如果能沉浸在谈话之中，大脑神经就不会因疼痛而高度集中，而且人也能感觉时间过得快一些。所以，我会尽可能跟脱毛的客人搭话。当然聊天的过程中，手上的事情也来不得半点儿马虎。

但是，猪俣里美一直顽固地不肯说一句话。我担任她的主治医师已经差不多三个月了，但她一直都闷闷不乐的样子，而且还总是一声不响地忍受着疼痛。

但她绝对不是一个不友善的客人。

她会遵守预约时间到我这里来。平常如果加班来不了的话，每周末她也会准时出现在会客室里。大多数人贷款支付手术费，但她却好像一直在攒钱，一下子支付了所有的费用。

虽说进行永久脱毛的初期，是绝对不允许自己私自去处理的，但大多数人总有一两次，因为有约会或者去旅游什么的理由而自己动手脱毛，但她一次都没有打破这个规定。无论从哪方面看，她都是一个认真友善的客人。

"需要稍微休息一下吗？"

她的面色看起来似乎已经不堪重负，我又轻声问道。

"不了，没事儿。"

"……哦，觉得实在忍不了的话，就跟我说。"

我瞟了一眼她挂在房间墙上的外套。她一个二十岁的女孩穿的衣服竟是如此朴素，而且上周及上上周，她都穿着同样一件。但，这也是没办法的事情吧？因为听说她是一个人生活，而且又在美容上花了一大笔钱。应该不可能还有多余的钱花在衣服上了。

再者，她自己，一个二十岁的女孩，却长着一副可怜相。身高1.6 米左右，体重却多半有七十多公斤。皮肤白得看起来很虚弱，手和脚上还有一些红色小斑块。脸上坑坑洼洼的，十多岁的时候，可能长过很多烦人的青春痘。而且，她的体毛还很多。

我不自觉地咬紧嘴唇。

我好像看到了以前的自己。

十五六岁的时候，我觉得我的人生一片黯淡。

那时候，我的梦想就是高中一毕业就去工作，拿着自己挣的钱去做美容。

因为那时我很胖，脸上长满了青春痘，而且体毛浓密。

人生中，在我应该快乐度过的那段时间里，我经常俯视自己肥大的身躯，尽量让自己看起来不那么胖，就这样，自我安慰地勉强生活着。

体育课对我来说简直就是一种煎熬。可以穿运动装的冬天倒还好，必须穿短袖和短灯笼裤的夏天，对我来说简直是人间地狱。

我瞟见同班同学苗条的身材、平滑且有光泽的手脚，心里泪如泉涌。

我也明白，肥胖是自己所造成的。因为我不爱运动，又喜欢吃糖果。因为我怎么也戒不了巧克力，所以也没有治好皮疹。

但是，体毛浓密并不是我的错。

我常常想，同样都是人类所生的孩子呀，我怎么就长了那么多又浓又黑的毛呢？我知道，我曾被人毫不掩饰地说："好多毛！"也知道班上的男同学曾背地里说过我的坏话。

当时，没有现在那么多脱毛用的脱毛液、脱毛带之类的东西，即使有卖的，我的那点儿零花钱也买不起。虽然想跟妈妈说，但父母关系不好，家里总是充满紧张气氛，所以似乎就没有心情去谈论那样的事情。

因为当时我外表不好看，所以就没想过谈恋爱这种事。虽然我也有暗恋的对象，但完全不会起念去告白。

我深深地觉得自己不够格。

作为一个女生，我是不会被男生所喜欢的。我经常这样想：像我这样姿色的人，没理由被男生喜欢。

有一天，我在刊登在杂志的广告中知道了美体师这个职业的存在。

脱毛，瘦身，美容。

我觉得那就像为我量身定做的词汇一样。但是，那时的我性格已经完全变得忧郁不堪，我立刻觉得"肯定是骗人的"，便把杂志给扔了出去。

但，在我心灵深处，有什么东西开始在悄悄萌动。就像本应熄灭的蜡烛点燃了星星之火一般，心中又多了一丝悸动。

在为打发时间而买的杂志上，我又看到了这家美容院的广告。

我装作在写作业，把那则广告在桌子上展开看了几个小时。

杂志上没有标明价格，但肯定不便宜。现在只能拿到一点零花钱，工作了的话就有工资了。那时自己就可以自由支配了。

我决定要去美容院。

我要去掉腋下、手脚的毛发，然后减掉十公斤体重，让因青春痘凹凸不平的皮肤变得干净漂亮。

我自知，凭我的相貌绝不会是所谓的"美人"，因此也就没想过能通过美容院立刻变漂亮，并且收获幸福。

我只想和世上大多数女孩子一样，想跟她们站在同一条起跑线上。并不是想要美若天仙，只是想要达到"普通人"的水平。想要跟女性朋友一起去海边或是游泳池（不是跟男生一起，就算跟男生一起也是在梦里）。想在太阳下畅快地舒展自己。

所以，第一步，我决定去美容院。

而且我在学校推荐的小企业里工作了。拿到第一份工资的第二天，我下决心去了自己向往已久的"这里"，接受知名美容院的心理咨询。

与我交谈的姐姐很亲切，让我的紧张感一扫而空。她告诉我不要自己亲自动手处理，否则腋下就不会变光滑。

我知道自己没有那么多钱来同时做脱毛、瘦身和美容，所以我决定不管怎样先脱毛。于是，我拿到了腋下、手、脚永久脱毛的估价单。

那真是给了我重重一击。

这价格与我想象的，简直一个天上一个地下。

一阵沉默之后，美体师非常抱歉地说："因为您的体型较胖，而且体毛浓密，肯定少不了这个价钱的。"

虽然同意让我分二十四次分期付款，但我的工资的一半就这样没有了。即使这样，我还要瞒着父母，因为我不知道妈妈会不会允许我花那么大一笔钱在美容院里，毕竟我那时还只有 18 岁。

仔细思考了一下，我要开始新计划了。想到以后必须要存钱，接下来的几个夏天又要郁闷地度过，不觉有些伤心。

我有气无力地朝着店门口走去时，看见一张贴在墙上的美容院的广告。在微笑甜美、身材纤细的美女的照片下面，我发现了一行字——"美容院招聘"。

我将那句话印在了脑海里。

对呀，反正我的工资差不多都要花在美容院里，干脆自己成为一个美体师，那岂不是很好？

像百货店这些，店员在店里购物的话就会有折扣，那么，如果我成了美体师，就肯定可以低价做美容了。

想到这儿，我又走了回去。

一边祈祷着成为美体师不会有"姿容端庄美丽"等的任职要求，我一边向咨询台走去。

"……那个，不好意思。"

我正专心于脱毛时，她突然发出微弱的声音。她基本没有主动跟我搭过话，所以我吃惊地抬起头。

"嗯，怎么了？"

"那个……有一点不舒服。"

我连忙切断电源，一看，她果然脸色苍白。

"还好吗？"

她用手捂着嘴，紧闭着双眼。

"是不是想吐？"

她点点头，我赶紧在一旁拿了一条毛巾递给她，她转眼就吐在了毛巾上。

"啊，有点严重，叫医生吧。"

我为这突如其来的一幕而陷入了慌乱之中。到现在为止，还没有发生客人在接受脱毛过程中呕吐的情况。

"请不要叫人，我没事儿。"

她不慌不忙地说。

我被她冷静的样子所震惊了。身为美体师的我本不该表现出慌张。我帮她穿上浴衣，拿走了脏的毛巾。

"不管怎么说还是先躺着吧，现在感觉怎么样？"

"……吐出来就好了，我可以在这里稍微休息一下吗？"

"当然可以，您需要喝点什么吗？冷的还是热的？"

"……那就请你给我来点茶吧。"

我点点头，走出小房间，打开脏毛巾一看，胃里好像什么东西都没有，吐出来的仅仅只是一点类似胃液之类的东西，她看起来正在过度节食中。

我回到办公室，跟主任说明了情况。主任让我先观察一会儿，然后再决定要不要送她回她自己家去。

我端着日本茶，回到单人房间，猪俣里美侧躺着，紧闭着双眼，身体蜷缩成一团。

"感觉怎么样？还好吗？"

她沉重地抬起头，慢慢坐起身来。我扶着她的后背，她双手接过我手里的茶杯，慢慢地开始喝茶。

"既然这么痛，就不要强忍着，应该早点说出来呀。"

"生理期的时候，我经常发生贫血的情况。我很快就会好的，别担心。"

她有气无力地说道。

"我生理期的时候也是，痛得很厉害呢。所以我完全能够理解你的心情。"

她听到我的话，抬起头。我继续笑着说：

"我从前和你一样，体毛非常浓密。我坚持脱毛很多年了，总之我很怕疼的。但如果不坚持下去，就不能变漂亮，要是那样的话，就只能终日以泪洗面了。"

她很少这样正视着我的脸。被她这样一声不吭地盯着，我倒有些紧张起来。于是，她立刻转移了目光。

"为什么我必须得付那么多钱，忍受这么痛苦的事情呢？"

她小声地自言自语道。

"接受咨询的时候，我决定接受胳膊、手、脚的脱毛和瘦身的治疗，看到价格之后，我吓了一大跳。那价钱都能买三辆二手车了。"

我差点就要表示共鸣——"我以前也是这么想的"。

她端着茶杯，脸色看起来像失了魂一样。

我不知道该怎么说才好。因为她问的那个问题，也是我无数次问我自己的问题。

"猪俣小姐，我很能理解你的心情。"

说到这儿的时候，我的肩头好像被什么重重一击，后背上有东西破裂的声音。回头一看，床上散落着茶杯的碎片。

再一看，她怒火冲天地狠狠瞪着我。是她朝我扔的茶杯。

"你说你明白什么？对你这样漂亮的人来说，怎么会明白我的痛楚呢？什么都不懂，就不要乱说。我可是客人！"

说到这儿，她竟"哇"的一声号啕大哭起来。我完全被震住了，但看到她大哭的模样，心中燃起一股莫名的怒火。

"不错，正如你所说，猪俣小姐。"

我平静地说道。

"为什么人人都会为身上的体毛而感到着耻呢？为什么要搭上自己全部的休息时间来脱毛呢？为什么要承受这种难以想象的痛苦？"

她一脸疑惑地抬起头看我。

"为什么就不能胖胖的呢？为什么年轻女孩胖了的话，就不招人喜欢？谁规定的手脚一定要又细又没有毛发，谁说女人只要不年轻了、没有朝气了，就不漂亮了？"

听到吵闹声的同事纷纷来敲我们的房门。

"就像猪俣小姐您所说的那样，这真是太傻了，不要做了就好了，这到底有什么价值？我也不知道自己在美容院花了多少钱了！"

"加藤，在客人面前不要如此无礼！"

有人打断了我，我甩开同事的手，继续说：

"即使脱了毛，减了肥，也不一定能吸引男人。从外表看起来我还不错，但我跟男人约会的次数屈指可数。"

接着我就被同事硬拖出了房间，即使这样我还是大声喊叫着。

"我已经二十八岁了，但还是个处女！别傻了，别做了。与其这样，还不如把钱存着！"

幸好，针对我对重要的客人粗言相对的行为，公司给予的惩罚只是减薪和取消暑假。我好庆幸自己没有被炒鱿鱼。

原来是猪俣里美给我们的分店长及公司老总写了信，说不要惩罚我，说她自己也做得的确有失妥当。

到现在，她仍然坚持到店里来，对人冷淡的态度仍然没有改变，但她还是让我为她服务。

她还是沉默着，忍受着疼痛。

付了那么多钱，在忍着疼痛脱毛的同时，她应该也在思考，为什么就非要变漂亮不可这个问题吧。

并且，我每天在为形形色色的人拔毛时，也思考着同样的问题。

为什么女性就非得要变漂亮不可？

变得漂亮，到底指的是什么？

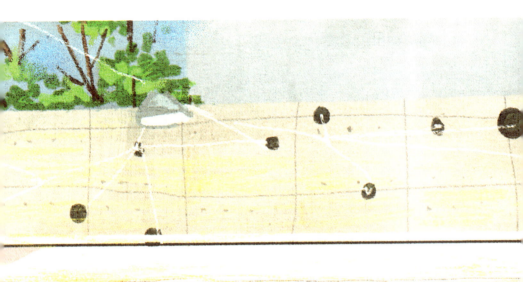

16

不大哭一场，怎能继续

眼泪是盐水，它还可以为心的伤口
杀菌消毒，拥有净化心灵的疗效。

不大哭一场，怎能继续

文 / 日笠雅水

今天又把三个人弄哭了。

一个是三十七岁的单身护士，另一个是二十二岁立志当歌手的自由职业女性，还有一个是声称已经把自己的遗像都照好了的二十八岁小学女教师。

"哎呀，糟糕啦，这可是红色警报啊。障碍线这么长，而且还红通通的。想结婚的愿望现在反倒成了结婚的障碍，干扰着好不容易出现的爱情预兆。"

"两个月之前发生了什么？指甲为什么会凹陷这么多？哪能这样子啊，就因为一次预选赛落选，你不是还没放弃吗，这不就很好吗？你看，这指甲不也标志着你为了'一定要实现小时候的愿望'，正实实在在地努力着吗？"

"这样啊……婚外情很痛苦哟……对了，现在怀上孩子倒是很容易……啊？已经三个月了……我给你讲关于灵界的传言吧，据说自杀死亡的人进入灵界后最初感到惊讶的，就是发现自己死了居然还有意识。再说，你的生命线看上去这么长，一直都延伸到副生命线这里来了。看来你只得继续活下去了。"

就像这本书里所描写的那些努力生活着的人们，他们也会忍着眼泪，光临我的手相观察室。

他们之中三成的人都是因为恋爱、婚姻、工作、亲子关系、对未来的不安，或者踌躇不前的人生抉择，再或者自卑感等各种各样的理由而哭泣。

"啊，没关系的，放心尽情地哭出来吧。我这里有大包大包的纸巾。鼻涕也干干脆脆地流个爽快。"

他们哭出来之后心中的紧张就消失了，之后对着我，也能够敞开心扉地畅聊一番。这样一来，解决问题的关键也能更容易找到。

对于听我说一句安慰的话，就能放下心来哭泣的人们来说，我是"能让他们得到肯定的人"。

对于一边吐槽和抱怨，一边擦拭着悔恨的眼泪的人们来说，我是"能帮助他们发泄的人"。

"好久没有这样笑过了。"对于这样边说边泪如雨下的有抑郁症状的人们来说，我是他们"俏皮可爱的心理咨询师"。

我时而是离婚调停人，时而又是职业咨询师，时而甚至是救命热线，绝对不是"专门把人弄哭的人"。

只是，对于那些无论我说什么，都只会"可是，但是，不过"这样不断"反击"的人，我就会对他说："喂，等一下，我太累了。

你一直这样‘可是但是’的话，不管花多少时间都无法解决问题哟。你肯定对自己的这种性格也很头疼吧。"只有像这种时候，我也许就有点儿像"专门把人弄哭的人"了。

虽然很少有男人哭，但还是有些人说着说着就鼻头和眼角泛红，这时候我就能立刻察觉出来，为了他，我会装作根本没有看到的样子。这样子的我就是温柔的知心姐姐。

眼泪这种东西，其实是一种心的释放。将心结和束缚等冲刷掉，让过度炙热的心能够冷静下来。因为眼泪是盐水，所以它还可以为心的伤口杀菌消毒，拥有净化心灵的疗效。

在这里，我教大家一个叫"大哭开运法"的东西。

想哭的时候，或者感觉眼泪马上就要流出来的时候，就把它当作是"机会"，忘我地尽情地哭。不要强忍，想哭就哭，号啕大哭。

不过，记得要一个人哭哟。如果给人家看到了，那效果就要大打折扣了。

注意不要被别人发现，为了让哭声不被听到，比如说可以用被子盖住头，嘴巴压在枕头上。能行的话，可以让膈颤动起来，然后尽情地哭到自己想呕吐的程度。

"啊！我是这样悲伤啊！啊，讨厌啊！痛苦啊！啊！啊！"

像这样全身心直面悲伤，做好即将唤起所有痛苦记忆的心理准备，像回到孩童时代那样的号啕大哭，这样一来，希望之光就会照向你。

你就会遇到那个拥抱、安慰自己的自己，那个跟自己撒娇的自己。

眼泪这种东西，其实是一种心的释放。

将心结和束缚等冲刷掉，

让过度炙热的心能够冷静下来。

随着身体为了减缓痛苦，大脑的内部会分泌出某种具有镇痛作用的物质，随着为了治愈悲伤和炎症，体内的白细胞会增加，那个对于处在悲伤风暴中的自己来说，那个像温柔的守护神一般的自己就会登场。

能与这样的自己相遇，你肯定就会没事。不知不觉中心情得到平复，感觉口渴，开始想去厕所，或者开始关心现在几点，会感到自己已经不用再伤心流泪就能平静下来了。

洗了澡，休息一会儿之后，如果感觉还没哭够，那痛苦的心情又涌上心头，那么再拼命地哭一场便是。

一味压制痛苦，就像是用盖子遮住某个散发臭气的地方。如果不断地想忽视问题、逃避问题，这个臭的地方就永远在那儿。

而我觉得，如果能时不时地轻轻打开心中的盖子，通过大哭的力量将里面清洗干净，是一个很好的办法。这样一来，你既心情舒畅了，又可以培养起"自己"这个小帮手，将来为自己开运助力。

十二三年前，我就这样号啕大哭过，然后大大地振奋了精神。从那以后再也没像从前那样烦恼过。我终于明白人之所以会烦恼是因为人不正视烦恼。我终于从烦恼的旋涡之中毕业了。

所以，我才能像现在这样，为别人减轻烦恼出谋划策。

虽然没有了那种号啕大哭的情况，但我时刻注意着如果自己感到痛苦，就会适当让自己流泪发泄。

一周前，我就哭了一会儿。因为我的信用卡申请又一次被拒了。

一般的自由职业者，比如设计师、摄影师、插画师等也好像都有过这样不愉快的经历，不过其中大部分人最终总能找到什么可以使用的卡。

我的一个熟人也是一个没有卡的自由作家。他跟我说："S百货商店的S卡很容易到手，特别是在活动期间，一般的打工仔都能办到。"

前些日子，我在这家百货公司购物时被人叫住了："请您办张卡吧。"销售人员这样热情地给我推荐。我想，我现在也小有名气了，也出过书了，不管是税金还是国民保险还是养老金，我都大把交着，从来也没借过款，也没有过前科，在银行里也还有点儿存款。再说，不管怎样现在是在搞活动，这种时候办一张S卡应该是没有问题吧，于是我这次拿出百般决心和勇气提交了申请。

然而结果却……

我感觉失败的原因是我在职业栏里填写的"手相师"。无论什么时代都是这样，手相师这样的职业都被社会视为怪异的工作，得不到社会的信任。

这件事有点儿久了。在那个奥姆真理教事件[1]发生后，警察正四处搜查的时期，曾有三名相关人士突然来到我的这个手相观察室，一个是穿着便服的刑警，一个是身着制服的警察，另一个是交警。三人跑来对我说："听说你是做占卜的，对吧？"很明显，我成了他

---

1 奥姆真理教是日本代表性的邪教团体。由麻原彰晃（あさはら　しょうこう，原名松本智津夫）创立于1985年，其进行过一系列恐怖活动。1995年3月20日，奥姆真理教成员在东京三条地铁线的五班列车上发动沙林毒气袭击并导致13人死亡，660人受伤，制造了震惊世界的一起恐怖袭击事件。

们觉得可疑的调查对象。

"啊，烦死了！看什么手相嘛。"我当时一下子都想甩手不干了。

我惧怕回答"你是做什么工作的"这个问题。因为我还无法堂堂正正地回答："给人家看手相的。"面对陌生人，我就说自己做的是类似于咨询师那样的工作。

我偶尔也会吐槽："若能办到一张信用卡，恐怕我就不会这样了。"不过，我真的觉得这份工作很难得。每天都能让很多人高兴地觉得"来到这里真好"。在开始这份工作之前，我做过跟音乐相关的活动策划、经理人，还做过与出版相关的采访记者和写手，但从未像现在这样，每天能收到这么多眼泪、笑脸，还有感谢的信件。

以前，我一般都是从电视上或者书和杂志上，看到有趣的人，就想策划一个主题，然后跑去取材和采访；而现在，是各色各样魅力四射的人反过来从四面八方跑来找我。

偶像、明星、音乐家、编剧、摄影师、运动选手、新闻主播、政治家、各行业企业家、OL、空姐、保险推销人员、洗浴店女招待、SM 的女王、电影导演，以及在这本书中出现的花艺设计师、体育老师、百货店店员、漫画家、销售人员、专业家庭主妇、派遣职员、护士、女演员、美容师等职业的人，我都见过。一天，一个小说家也来到我这里，之前我从没读过她的小说，后来她送了我几本她的著作，我一读发现非常有趣，就跑了几个书店，把她的作品全部收集起来。一个月的时间里全部读完后，我找出我的客户清单，拨通了她的电话。"太有趣了！实在太有趣了！下次出书是什么时候？"

于是，这个人突然有一天给我发来了传真。传真上说，她写的《亲爱的，别哭》要集册成书，想请我接着她之前的十五个故事，写下第十六个职业——"手相师"……

我明明只是想看，我也要写吗？

在这么有趣的书里，加上我这样的文章，真的能行吗？

看吧，当一名手相师能碰上这么有趣的事情，虽然办不了信用卡，那也罢了，我今后依旧会继续在这条路上走下去。

你喜欢你的工作吗？

我想，没有必要一定非得喜欢不可。

虽然能像陷入热恋般拼命工作是一件很了不起的事，但是我最近开始觉得，其实在自己和工作之间保持一点儿距离，这样的话有些工作其实也不错。比如感觉像投缘的朋友一样工作，或是像虽然关系不好，但是生活在一起的家人般工作，等等。

工作这种东西，真是不可思议。

虽说当今世界已经充满了无限的可能，但是人的一生能够体验的工作种类依旧极其有限。除了自己以外，其他的人平日里怎样挣钱，可能我们并没详细了解过。

因此，写这本书的时候，我找来了各色各样的人交谈。我才真正意识到一个理所当然的事实——这个世界上的工作真是五彩斑斓，多不胜数。

每个人拥有的世界虽然狭小，但如果这个世界变得无限广大，那得多么难以应付。因此自然而然就应该生活在自己能够应付的范围内。想到这里，我感觉心中好像松了一口气。

作为本书的第十六个故事，我邀请了日笠雅水老师，拜托她（死缠烂打地拜托她）就手相师的工作为我写了一篇随笔。

之所以这样做，是因为我从很早以前就对"占卜师"这个工作充满兴趣，一直想着能不能有一天写出以占卜师为主人公的小说。可是，资料也收集了底稿也写好了，我写起来依旧诸多不顺。于是，朋友给我介绍一个据说人气超高的手相师。正好我当时因为一些私事烦恼不已，我便基于多重的目的，起念去看了看。

这位手相师也是经历了各种各样的工作，见过了形形色色的人之后，才干起了现在的这份工作。她并非一开始就立志当手相师，而是做着自己想做的事，而且经过许许多多的探索和失败后，现在靠着"为人看手相"过着当下每一天的时光。

"不知不觉中不可思议地挣到了钱。"这件事情中的这个"不知不觉"非常不可思议。我也是，不知不觉地居然继续干着我手上的这份工作，即便申请信用卡的时候一次又一次被拒。

如果，你讨厌你自己的工作，不管是多么无聊透顶的工作，觉得它无聊的是你自己，选择这份"无聊"工作的也是你。不过，既然通过这份"无聊"的工作拿着工资养活着自己，那么请时不时地想起来——比起那些表面上看起来光鲜亮丽，实际上却靠着别人过活的人，你要自由得多。

我从心底祝福你，能够喜欢上自己的工作。

本书特约插画师：

邦乔彦　chenquuu　东mi　Fitlea　Gracesuen
画画的Ki-Huang　花芍子　黄小花　靳昕
老八tujian　LINSHU 琳姝　lxyun　Lylean Lee
mochy　木言　Paco_Yao　Senny　闫听听
雨湿空城　枣　朱聪夏微　庄晓菁　（按字母开头排序）

图书在版编目（CIP）数据

亲爱的，别哭 /（日）山本文绪著；闫雪译 .
-- 北京：北京联合出版公司，2016.5
ISBN 978-7-5502-7807-3

Ⅰ . ①亲… Ⅱ . ①山… ②闫… Ⅲ . ①女性 - 人生哲学 - 通俗读物
Ⅳ . ① B821-49

中国版本图书馆 CIP 数据核字 (2016) 第 118162 号
北京市版权局著作权合同登记图字：01-2016-3083

『絶対泣かない』
ZETTAI NAKANAI
© Fumio YAMAMOTO 1995
Edited by KADOKAWA SHOTEN
First published in Japan in 1998 by KADOKAWA CORPORATION, Tokyo.
Simplified Chinese translation rights arranged with KADOKAWA CORPORATION, Tokyo
through TUTTLE－MORI AGENCY, INC., Tokyo
in association with Beijing GW Culture Communications Co., Ltd., Beijing

亲爱的，别哭

项目策划　紫图图书ZITO®
监　制　黄利　万夏
丛书主编　郎世溟

作　者　［日］山本文绪
译　者　闫雪
责任编辑　李征
特约编辑　李媛媛　申雷雷　李圆
装帧设计　紫图图书ZITO®

北京联合出版公司出版
（北京市西城区德外大街 83 号楼 9 层　100088 ）
小森印刷（北京）有限公司印刷　新华书店经销
100 千字　880 毫米 ×1280 毫米　1/32　7.5 印张
2016 年 5 月第 1 版　2016 年 5 月第 1 次印刷
ISBN 978-7-5502-7807-3
定价：42.00 元